U0493846

民用无人驾驶航空器运行态势蓝皮书（2023）

中国民用航空总局第二研究所
（民用无人驾驶航空器交通管理四川省重点实验室）
中国民用航空局空管行业管理办公室

主 编 ◎ 张瑞庆 陈向阳

数据来源：中国民航局无人驾驶航空器空管信息服务系统（UTMISS）

西南交通大学出版社
·成都·

图书在版编目（CIP）数据

民用无人驾驶航空器运行态势蓝皮书. 2023 / 张瑞庆，陈向阳主编. --成都：西南交通大学出版社，2024.9. -- ISBN 978-7-5774-0115-7

Ⅰ．V279

中国国家版本馆 CIP 数据核字第 2024VP2840 号

Minyong Wuren Jiashi Hangkongqi Yunxing Taishi Lanpishu (2023)
民用无人驾驶航空器运行态势蓝皮书（2023）

主编　张瑞庆　陈向阳

策划编辑	张　波
责任编辑	牛　君
责任校对	左凌涛
封面设计	曹天擎

出版发行	西南交通大学出版社 （四川省成都市金牛区二环路北一段 111 号 西南交通大学创新大厦 21 楼）
邮政编码	610031
发行部电话	028-87600564　028-87600533
网址	http://www.xnjdcbs.com
印刷	四川煤田地质制图印务有限责任公司

成品尺寸	185 mm×260 mm
印张	8.25
字数	155 千
版次	2024 年 9 月第 1 版
印次	2024 年 9 月第 1 次
定价	80.00 元
书号	ISBN 978-7-5774-0115-7
审图号	GS 川（2024）241 号

图书如有印装质量问题　本社负责退换
版权所有　盗版必究　举报电话：028-87600562

《民用无人驾驶航空器运行态势蓝皮书（2023）》
编委会

主　编

张瑞庆　陈向阳

副主编

李　宁　张建平

参　编

邹　翔　周小霞　仲仪倩

唐　滔　胡　鹏　曾薪月

刘　欢　王　鑫　符　玺

吴卿刚　田小强　曹　磊

王丽伟　杨欣宜　杨清媛

吴姗姗　陈运翔　赖庭峰

顾文勇

前 言

《民用无人驾驶航空器运行态势蓝皮书》是一部全面介绍我国民用无人驾驶航空器运行概况的书籍，每年出版一册。本书（2023）所刊内容，主要收录2023年中国境内民用无人机运行情况的统计数据，内容较全面，资料翔实。

本书数据来源于中国民航局无人驾驶航空器空管信息服务系统（Unmanned Aircraft System Traffic Management Information Service System，UTMISS）。民航局于2019年11月5日印发《轻小型民用无人机飞行动态数据管理规定》（AC-93-TM-2019-01），要求自2020年5月1日起，运行轻小型民用无人机及植保无人机的单位和个人，需向UTMISS报送实时飞行动态数据。因此，UTMISS接收的无人机运行数据覆盖范围广、信息量大、丰富性足，具有重要的统计和分析价值，可为无人机产业发展决策提供宝贵的数据依据。

本书共分为8章，第1章运行数据统计范围及指标，包括统计数据范围、统计指标体系、数据统计流程；第2~6章分别介绍了全年和各季度的民用无人机运行情况统计，主要包括飞行架次、飞行小时、飞行数量、飞行时长、飞行高度、分布热力图、年度对比；第7章介绍了深圳、海南无人机综合管理试点情况，包括深圳和海南无人机的飞行架次、飞行小时、飞行任务、年度对比。本书还包括3个附录，附录A收录了中国民用无人机相关的政策法规文件；附录B收录了中国民用无人机标准编制情况；附录C收录了国际组织民用无人机标准编制情况。

书中未包括香港、澳门及台湾地区统计数据。书中部分数据因四舍五入原因，存在着合计与分项相加不等的情况。

本书适用于相关无人机监管单位、空中交通服务单位、运行单位、生产制造厂商、研究机构及无人机产业其他参与方使用参考，读者可从此书了解我国民用无人机运行概貌。

编　者

2024年5月

目 录

1 运行数据统计范围及指标 ·· 001

    1.1   统计数据范围 ··· 002

    1.2   统计指标体系 ··· 014

    1.3   数据统计流程 ··· 016

2 全年民用无人机运行情况统计 ···································· 019

    2.1   飞行架次 ··· 020

    2.2   飞行小时 ··· 023

    2.3   飞行数量 ··· 027

    2.4   飞行时长 ··· 029

    2.5   飞行高度 ··· 030

    2.6   分布热力图 ··· 030

    2.7   年度对比 ··· 034

3 第一季度民用无人机运行情况统计 ···························· 035

    3.1   飞行架次 ··· 036

    3.2   飞行小时 ··· 039

    3.3   飞行数量 ··· 043

    3.4   飞行时长 ··· 045

    3.5   飞行高度 ··· 046

    3.6   分布热力图 ··· 046

4 第二季度民用无人机运行情况统计 ······ **051**

4.1 飞行架次 ······ 052
4.2 飞行小时 ······ 055
4.3 飞行数量 ······ 059
4.4 飞行时长 ······ 061
4.5 飞行高度 ······ 062
4.6 分布热力图 ······ 062

5 第三季度民用无人机运行情况统计 ······ **067**

5.1 飞行架次 ······ 068
5.2 飞行小时 ······ 071
5.3 飞行数量 ······ 075
5.4 飞行时长 ······ 077
5.5 飞行高度 ······ 078
5.6 分布热力图 ······ 078

6 第四季度民用无人机运行情况统计 ······ **083**

6.1 飞行架次 ······ 084
6.2 飞行小时 ······ 087
6.3 飞行数量 ······ 091
6.4 飞行时长 ······ 093
6.5 飞行高度 ······ 094
6.6 分布热力图 ······ 094

7 深圳、海南民用无人机综合管理试点情况 ····· 099
7.1 飞行架次 ····· 100
7.2 飞行小时 ····· 101
7.3 飞行任务 ····· 102
7.4 年度对比 ····· 103

8 总 结 ····· 105

附 录 ····· 107
附录A 中国无人机政策法规文件 ····· 107
附录B 中国无人机标准编制情况 ····· 111
附录C 国际组织无人机标准编制情况 ····· 115

1
运行数据统计范围及指标

1.1 统计数据范围

截至2023年12月31日,共有31家整机制造商生产的共计272款民用无人机具备向UTMISS报送实时飞行动态数据的功能,较2022年新增10家整机制造商、132款机型。民用轻小型及植保无人机共208款,占比76.5%;民用中大型无人机共64款,占比23.5%。其中,118款机型通过无人机系统直接向UTMISS报送数据,154款机型通过第三方服务平台转报数据至UTMISS,详细情况见表1.1。

表1.1 实现飞行动态数据实时报送功能的民用无人机型号名单

(截至2023年12月31日)

厂商序号	型号序号	厂商名称	厂商代码	产品类别	产品型号
1	1	深圳大疆创新科技有限公司	DJI	轻型	FD1W4K
	2				MT1SS5
	3				MT2PD
	4				MT2SS5
	5				U11X
	6				MA2UE1N/MA2UE3W
	7				DA2SUE1
	8				M1P
	9				L1P/L1Z
	10				L1DE/L1ZE
	11				M2EA
	12				L2A(without SSD)
	13				MM1A
	14				W328
	15				W321
	16				WM330A
	17				WM331A

续表

厂商序号	型号序号	厂商名称	厂商代码	产品类别	产品型号
1	18	深圳大疆创新科技有限公司	DJI	轻型	WM331S
	19				WM332A
	20				WM336
	21				WM334R
	22				T600
	23				T650A
	24				QF2W4K
	25				MT3M3VD
	26				M30T RTK
	27				M30 RTK
	28				L2P（with SSD）
	29				M3E
	30				M3T
	31				L2C
	32				MT3PD
	33				MT2SD
	34				T740
	35				L2S
	36				EB3WBC
	37				M100
	38				M200
	39				M210
	40				MT4MFVD
	41				M3TD

续表

厂商序号	型号序号	厂商名称	厂商代码	产品类别	产品型号
1	42	深圳大疆创新科技有限公司 DJI	DJI	轻型	M3D
	43				L2E
	44				M3M
	45				W323/W323A/W323B
	46				W325
	47				W322/W322A/W322B
	48				精灵 Phantom 2
	49				精灵 Phantom
	50				Ti2020
	51			小型	M210 RTK
	52				M200 V2
	53				M210 V2
	54				M210 RTK V2
	55				M300
	56				M600
	57				M600P
	58				M350 RTK
	59			中型	E2MTR-30A
	60			植保无人机	大疆（3WWDZ-20C）
	61				大疆（3WWDZ-50A）
	62				W-DJI-8-10-015
	63				3WWDSZ-10017
	64				3WWDSZ-10016
	65				3WWDZ-15A

续表

厂商序号	型号序号	厂商名称	厂商代码	产品类别	产品型号
1	66	深圳大疆创新科技有限公司	DJI	植保无人机	3WWDZ-15.1B
	67				3WWDZ-20A
	68				3WWDZ-10A
	69				3WWDZ-30A
	70				3WWDZ-40A
	71				大疆（3WWDZ-20B）
	72				3WWDZ-40B
2	73	成都纵横大鹏无人机科技有限公司	JOU	小型	CW-007型
	74				CW-15型
	75			中型	CW-40重油版
	76				PH-25型
	77				CW-100型
	78				CW-15X
	79				CW-40型
	80				CW-25H型
	81				CW-25E型
	82				CW-25型
3	83	深圳美团低空物流科技有限公司（由原"路飞（深圳）智能技术有限公司"变更）	MAD	轻型	FP400V3.2c
	84				FP400V3.2d
	85			小型	FP400V3.3A
	86				FP400V3.3B
	87				FP400 V3.3C
	88				FP400 V3.3D
	89				FP400 V3.3
	90				FP400 V4

005

续表

厂商序号	型号序号	厂商名称	厂商代码	产品类别	产品型号
4	91	一飞智控（天津）科技有限公司	EFY	轻型	敏捷蜂Ⅰ型
	92				敏捷蜂Ⅱ型
	93				千机Ⅲ型
	94				敏捷蜂Ⅲ型
	95			小型	N10多旋翼
	96			中型	M600多旋翼
5	97	深圳飞马机器人科技有限公司	FMA	轻型	F1000
	98				F200
	99				F300
	100				F2000
	101				P300
	102				D2000
	103				V1000
	104				D5000
	105				E3000
	106				E2000
	107				E2000S
	108				D2000S
	109				D1000
	110			小型	D200
	111				D200S
	112				D300
	113				D300L
	114				V100
	115				V200

续表

厂商序号	型号序号	厂商名称	厂商代码	产品类别	产品型号
5	116	深圳飞马机器人科技有限公司	FMA	小型	V300
	117				D20
	118				V10
	119				D500
	120				V10R
	121				V500
	122				V500R
6	123	北京远度互联科技有限公司	LDU	小型	ZT-3VS
	124				ZT-15V
	125				ZT-16V
	126				ZT-16VA
	127				ZT-16VC
	128				ZT-21V
	129				ZT-21VA
	130				ZT-21VC
	131				ZT-25V
	132				ZT-25VA
	133				ZT-25VC
	134			中型	ZT-39V
	135				ZT-39VE
	136				ZT-60VE
	137				ZT-60VS
	138				ZT-120V
	139				ZT-150V

续表

厂商序号	型号序号	厂商名称	厂商代码	产品类别	产品型号
7	140	浙江科比特创新科技有限公司（由原深圳市科比特航空科技有限公司变更）	MMC	小型	入云龙Ⅱ
	141				小旋风Ⅱ
	142				入云龙MC6
	143				黑旋风
	144				小旋风B900
	145				小旋风X85
	146				插翅虎M8por
	147				插翅虎M8
	148				插翅虎M9
	149			轻型	玉麒麟
	150				玉麒麟1
	151				玉麒麟2
	152			中型	插翅虎M10
	153				插翅虎M11
	154				插翅虎M11H
	155				插翅虎M12
	156				770N
	157				入云龙ⅡP
8	158	拓攻（南京）机器人有限公司	TGR	中型	3WWDZ-10
	159				3WWDZ-12
	160				3WWDZ-16
	161				3WWDZ-16B
	162				3WWDZ-19.8

续表

厂商序号	型号序号	厂商名称	厂商代码	产品类别	产品型号
8	163	拓攻（南京）机器人有限公司	TGR	中型	3WWDZ-21
	164				3WWDZ-25.1
	165				3WWDZ-30
	166				3WWDZ-31
	167				3WWDZ-30.1
	168				3WWDZ-35A（拓攻）
	169				3WWDZ-35B
	170				3WWDZ-15（拓攻）
	171				3WWDZ-20.1A（拓攻）
	172				3WWDZ-50B（拓攻）
	173				3WWDZ-40B（拓攻）
9	174	中航金城无人系统有限公司	AJU	小型	JC-M09
	175				JC-M15
10	176	成都时代星光科技有限公司	TIM	轻型	X80
	177			小型	X100
	178				X120
	179				X150
	180				W20
	181			中型	X200
	182				X185
	183				X30
	184				DH50

续表

厂商序号	型号序号	厂商名称	厂商代码	产品类别	产品型号
11	185	江西丰羽顺途科技有限公司	FYS	中型	ARK 40
	186				MANTA RAY
	187				FZ90
	188				ARK150
12	189	杭州迅蚁网络科技有限公司	XYI	小型	TR7S
	190				SK3
	191				TR9
	192				RA3
13	193	南京市浦口高新区无人机飞行服务中心	NJB	轻型	MNT2 Pro
	194			中型	FG5-20
	195				FX30
	196				FX70
	197			大型	XN300
14	198	四川一电航空技术有限公司	AEE	轻型	X70（又名MACH4）
	199				X70-5G（又名MACH4-5G）
	200				X70JK（又名MACH4JK）
	201				X100（又名MACH6）
	202				X100-5G（又名MACH6-5G）
15	203	广州迪飞无人机科技有限公司	DFT	轻型	DF-EDU 05

续表

厂商序号	型号序号	厂商名称	厂商代码	产品类别	产品型号
16	204	浙江华飞智能科技有限公司	DHU	轻型	DH-UAV-X380
	205				DH-UAV-X400
	206				DH-UAV-X465
	207				DH-UAV-X720
	208				DH-UAV-X650型
	209			小型	DH-UAV-X820型
	210				GAWRJDD0012HF01
	211				DH-UAV-X900
	212				DH-UAV-X1100
	213				GAWRJDD0015HF02
	214				DH-UAV-X1550型
	215				DH-UAV-X1550-LITE
	216				GAWRJDD0023HF03
	217				DH-UAV-V2300
	218				DH-UAV-V3540
	219			中型	DH-UAV-X1800
	220				DH-UAV-E3800
	221				DH-UAV-V4350
	222				DH-UAV-E6000
17	223	黑龙江惠达科技发展有限公司	HDK	植保无人机	3WWDZ-40A
	224				3WWDZ-40.1B
18	225	蜂巢航宇科技（北京）有限公司	HCA	小型	HC-525
19	226	上海峰飞航空科技有限公司	AFC	中型	V50
	227			大型	V400
	228				V1500

011

续表

厂商序号	型号序号	厂商名称	厂商代码	产品类别	产品型号
20	229	航大汉来（天津）航空技术有限公司	HLT	小型	H703
	230				H723-100
	231				H723-200
	232				H713-100
	233				H713-200
	234			中型	H713-300
	235				H713-400
21	236	西安中通巡天科技有限公司	ZXT	小型	中通-海燕
22	237	西安京东天鸿科技有限公司	JDX	中型	JDX-50
23	238	厦门市汉飞鹰航空科技有限公司	HFY	中型	SD-60A
24	239	深圳道通智能航空技术股份有限公司	AUT	轻型	EVO Max 4T
25	240	珠海紫燕无人飞行器有限公司	ZZY	小型	A1C
	241				ZY-800-P2X
	242			中型	ZY-800-A2G
26	243	烟台云都海鹰无人机应用技术有限公司	YHY	小型	HY-200
	244				HY-300
	245				HY-150
	246			植保	HY-600
	247				HY-610
	248			中型	HY-800
	249			大型	HY-900

续表

厂商序号	型号序号	厂商名称	厂商代码	产品类别	产品型号
27	250	深圳联合飞机科技有限公司	SLH	植保	Q100
	251			小型	Q20
	252				Q12
28	253	广州南方测绘科技股份有限公司	STH	轻型	SF600P
	254				SF600
	255				SF600E
	256				SF700 A
	257				SF700
	258				雷凌700
	259			小型	SF1200
	260				SF1650
	261				SF3300
	262				SF4200
29	263	深圳高度创新技术有限公司	GOD	轻型	M164
	264				GD-T2
	265			小型	M190
	266				GD-T2.5
30	267	四川傲势科技有限公司	AOS	小型	XB-12
	268				XC-15
	269				XC-25
31	270	武汉智能鸟无人机有限公司	ABD	小型	P330 Pro
	271				P60
	272				BB4

1.2 统计指标体系

本书对UTMISS接收到的民用无人机飞行动态数据进行统计分析，全国民用无人机运行数据主要包括：飞行架次、飞行小时、飞行数量、飞行时长、飞行高度等飞行动态数据，深圳和海南民用无人机综合管理试点区域数据主要包括：飞行架次、飞行小时、飞行任务数据等。详细统计指标如表1.2所示。

表1.2　民用无人机运行管理数据统计指标体系

一级指标	二级指标	三级指标	指标内容或说明
全国民用无人机运行数据统计	飞行架次	—	统计31个省级行政区、全国四大区域及中国民航七大地区的民用无人机飞行架次，区域划分详见表1.3和表1.4。一次起降为一个架次
	飞行小时	—	统计31个省级行政区、全国四大区域及中国民航七大地区的民用无人机飞行小时。单架次飞行小时为起飞时刻到降落时刻之间的飞行小时数
	飞行数量	—	统计全国31个省级行政区民用无人机飞行数量。飞行数量以民用无人机产品序列号（SN号）为计数基础
	飞行时长	飞行时长<5 min	统计单次飞行小时数在不同区间内的民用无人机飞行架次
		5 min≤飞行时长<10 min	
		飞行时长≥10 min	
	飞行高度	飞行高度<30 m	统计单次飞行高度在不同区间内的民用无人机飞行架次。飞行高度是指民用无人机当前时刻所在位置相对于起飞点所在基准面的垂直距离
		30 m≤飞行高度<120 m	
		120 m≤飞行高度<300 m	
		飞行高度≥300 m	
		120 m≤飞行高度<300 m	
		飞行高度≥300 m	

续表

一级指标	二级指标	三级指标	指标内容或说明
深圳、海南试点区域民用无人机运行数据统计	飞行架次	—	统计深圳、海南试点区域民用无人机飞行架次。一次起降为一个架次
	飞行小时	—	统计深圳、海南试点区域民用无人机飞行小时。单架次飞行小时为起飞时刻到降落时刻之间的飞行小时数
	飞行任务	个人娱乐类	统计深圳、海南试点区域用户提交飞行申请时,选择各类飞行任务的占比,具体分类详见表1.5
		商业用途类	
		公共用途类	

注:报告中部分数据因四舍五入原因,存在着合计与分项相加不等的情况。

表1.3 全国四大区域划分说明

东部地区	北京市、上海市、天津市、山东省、江苏省、浙江省、海南省、河北省、福建省、广东省
中部地区	江西省、湖北省、湖南省、河南省、安徽省、山西省
西部地区	宁夏回族自治区、内蒙古自治区、新疆维吾尔自治区、广西壮族自治区、西藏自治区、重庆市、陕西省、云南省、甘肃省、贵州省、青海省、四川省
东北地区	黑龙江省、辽宁省、吉林省

表1.4 中国民航七大地区划分说明

华北地区	北京市、天津市、内蒙古自治区、山西省、河北省
东北地区	黑龙江省、吉林省、辽宁省
中南地区	湖南省、湖北省、河南省、海南省、广东省、广西壮族自治区
华东地区	上海市、江苏省、浙江省、山东省、福建省、江西省、安徽省
西南地区	云南省、贵州省、四川省、重庆市、西藏自治区
西北地区	陕西省、甘肃省、宁夏回族自治区、青海省
新疆地区	新疆维吾尔自治区

表1.5 飞行任务分类

个人娱乐类	商业用途类	公共用途类
个人娱乐	试飞	违法建设巡查
	训练飞行	海事巡查
	转场（调机）	汛期地质灾害抢险排查飞行
	航空表演	科学实验
	空中广告	海洋监测
	跳伞飞行服务	城市消防
	驾驶员培训	空中巡查
	物流运输	人工降水
	石油服务	医疗救护
	直升机引航	气象探测
	电力作业	路桥巡检
	渔业飞行	
	航空喷洒	
	航空护林	
	航空探矿	
	空中拍照	
	航空摄影	
	包机飞行	
	熟练飞行	

1.3 数据统计流程

本书对2023年接入UTMISS的民用无人机飞行动态数据进行统计分析，具体数据统计分析流程如图1.1所示。

1 运行数据统计范围及指标

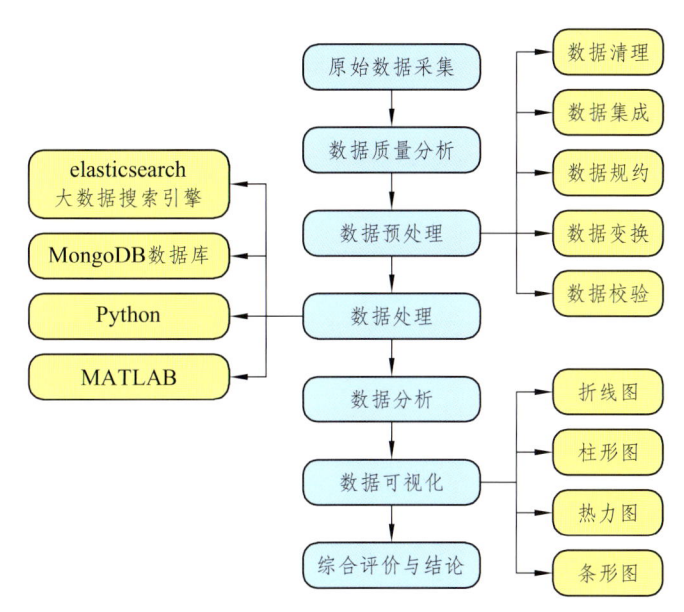

图1.1 民用无人机日常运行数据统计分析流程图

1.3.1 原始数据采集

对2023年接入UTMISS的民用无人机飞行动态原始数据进行采集，无人机厂商向UTMISS报送的数据内容主要包括：飞行记录编号、制造商代码、实名登记号、时间戳、累计飞行时长、坐标系类型、当前位置经度、当前位置纬度、高、高度、实时飞行速度、航迹角等。

1.3.2 数据质量分析

对各类数据源的数据质量进行分析，主要指标包括一致性、有效性和及时性。数据质量分析主要是检查数据是否满足《轻小型民用无人机飞行动态数据管理规定》中的格式要求，数据是否存在数值异常或错误，以及数据发送频率和延时是否满足要求。

1.3.3 数据预处理

对采集的原始数据进行数据清理、数据集成、数据变换和数据校验，以完成格式标准化、异常数据清除、错误纠正、重复数据清除等内容。

017

1.3.4 数据处理

结合本书数据统计指标，利用elasticsearch大数据搜索引擎、MongoDB数据库、Python、MATLAB等工具对预处理后的数据进行处理，进行各种算术和逻辑运算，以便进一步得到与各指标相对应的信息。

1.3.5 数据分析

本书对2023年全年及四个季度的民用无人机日常运行情况分别进行统计分析，是基于民用无人机飞行活动监控、无人机飞行管理和平台系统数据质量所进行的多维度分析。

1.3.6 数据可视化

将统计分析数据进行数据可视化处理，以折线图、柱形图、热力图、条形图等方式呈现，将数据以更加直观的方式展现出来，使数据更加客观、更具说服力。通过图表呈现数据的变动走势、对比多维度的数值。

2

全年民用无人机运行情况统计

2.1 飞行架次

2023年，全国民用无人机总飞行架次为25720.7万架次，日均飞行架次为70.5万架次，比2022年增加2.0%，全年呈现明显的先增后减趋势。民用无人机活动高峰期为7月份，达4729.3万架次，日均飞行架次152.6万架次，比2022年高峰月份（7月）增加15.6%。详见图2.1。

图2.1　2022—2023年民用无人机飞行架次统计图

从全国四大区域分布来看，东部地区民用无人机飞行架次为9366.6万架次，比2022年减少5.6%；中部地区6087.2万架次，比2022年增加4.7%；西部地区6544.3万架次，比2022年增加15.4%；东北地区3722.5万架次，比2022年减少2.3%。详见图2.2。

从中国民航七大地区分布来看，华北地区民用无人机飞行架次为2080.6万架次，比2022年增加9.1%；东北地区3722.5万架次，比2022年减少2.3%；中南地区5531.0万架次，比2022年减少2.2%；华东地区9386.6万架次，比2022年减少0.4%；西南地区1887.6万架次，比2022年增加0.8%；西北地区947.5万架次，比2022年增加18.9%；新疆地区2164.9万架次，比2022年增加23.9%。详见图2.3。

图2.2　2022—2023年全国四大区域民用无人机飞行架次统计图

图2.3　2022—2023年中国民航七大地区民用无人机飞行架次统计图

从省级行政区分布来看，江苏民用无人机飞行架次为3464.4万架次，占全国总飞行架次的13.5%，位居全国首位，排名较2022年不变；黑龙江民用无人机飞行架次为2653.0万架次，占全年总飞行架次的10.3%，位居全国第二，排名较2022年不变；新疆民用无人机飞行架次为2164.9万架次，占全国总飞行架次的8.4%，排名较2022年上升1位。详见表2.1、图2.4。

021

表2.1 2023年各省级行政区民用无人机飞行架次统计表

排名	省级行政区	飞行架次/万架次	排名较2022年变化
1	江苏	3464.4	不变
2	黑龙江	2653.0	不变
3	新疆	2164.9	↑1
4	安徽	2001.4	↓1
5	广东	1412.8	不变
6	山东	1269.3	不变
7	浙江	1136.0	↑1
8	河南	1056.5	↓1
9	湖北	1012.7	不变
10	江西	903.1	↑3
11	广西	902.4	不变
12	河北	867.4	↓2
13	湖南	792.0	↑2
14	四川	737.1	↓2
15	内蒙古	642.0	↑2
16	云南	575.4	↓1
17	辽宁	563.8	↓1
18	吉林	505.7	不变
19	福建	368.5	↑1
20	海南	354.7	↓1
21	陕西	341.1	不变
22	山西	321.5	不变
23	甘肃	305.1	↑4
24	贵州	286.8	不变
25	上海	244.0	↓2
26	天津	204.4	↓1
27	重庆	197.9	↓1
28	宁夏	167.2	不变
29	青海	134.0	不变
30	西藏	90.4	↑1
31	北京	45.3	↓1

图2.4 2023年各省级行政区民用无人机飞行架次分布图

2.2 飞行小时

2023年，全国民用无人机总飞行小时为2310.9万小时，比2022年增长11.8%，月均飞行小时192.6万小时，日均飞行小时6.3万小时。飞行小时月份分布呈现明显的先增后减趋势，民用无人机活动高峰期为7月份，达370.5万小时，比2022年高峰月份（7月）增长4.0%，7月日均飞行小时12.0万小时。详见图2.5。

图2.5　2022—2023年民用无人机飞行小时统计图

从全国四大区域分布来看，东部地区民用无人机飞行小时为805.3万小时，比2022年增长3.5%；中部地区527.8万小时，比2022年增长22.4%；西部地区684.1万小时，比2022年增长19.5%；东北地区293.7万小时，比2022年增长3.0%。详见图2.6。

图2.6　2022—2023年全国四大区域民用无人机飞行小时统计图

2　全年民用无人机运行情况统计

从中国民航七大地区分布来看，华北地区民用无人机飞行小时为201.5万小时，比2022年增长23.3%；东北地区293.7万小时，比2022年增长3.0%；中南地区546.7万小时，比2022年增长10.3%；华东地区747.3万小时，比2022年增长10.6%；西南地区211.0万小时，比2022年增长8.2%；西北地区100.2万小时，比2022年增长26.3%；新疆地区210.5万小时，比2022年增长21.8%。详见图2.7。

图2.7　2022—2023年中国民航七大地区民用无人机飞行小时统计图

从省级行政区分布来看，江苏民用无人机总飞行小时为223.4万小时，占全国总飞行小时的9.7%，位居全国首位，排名较2022年上升1位；新疆民用无人机总飞行小时为210.5万小时，占全国总飞行小时的9.1%，位居全国第二，排名较2022年上升1位；黑龙江民用无人机总飞行小时为200.4万小时，占全国总飞行小时的8.7%，位居全国第三，排名较2022年下降2位。详见表2.2、图2.8。

表2.2　2023年各省级行政区民用无人机飞行小时统计表

排名	省级行政区	飞行小时/万小时	排名较2022年变化
1	江苏	223.4	↑1
2	新疆	210.5	↑1
3	黑龙江	200.4	↓2
4	广东	153.4	不变
5	安徽	150.1	不变
6	山东	123.2	不变
7	浙江	100.9	不变
8	河南	99.2	不变
9	广西	96.2	不变
10	湖北	88.6	↑1
11	江西	82.1	↑3
12	河北	80.8	不变
13	四川	78.4	↓3
14	湖南	75.1	↓1
15	内蒙古	66.1	↑1
16	云南	61.4	↓1
17	辽宁	51.5	不变
18	福建	43.4	不变
19	吉林	41.7	↑1
20	陕西	37.1	↓1
21	贵州	35.1	↑1
22	海南	34.1	↓1
23	山西	32.8	↑2
24	甘肃	31.0	↑2
25	重庆	25.0	↓1
26	上海	24.3	↓3
27	宁夏	16.7	↑1
28	天津	16.1	↓1
29	青海	15.3	不变
30	西藏	11.0	不变
31	北京	5.6	不变

2 全年民用无人机运行情况统计

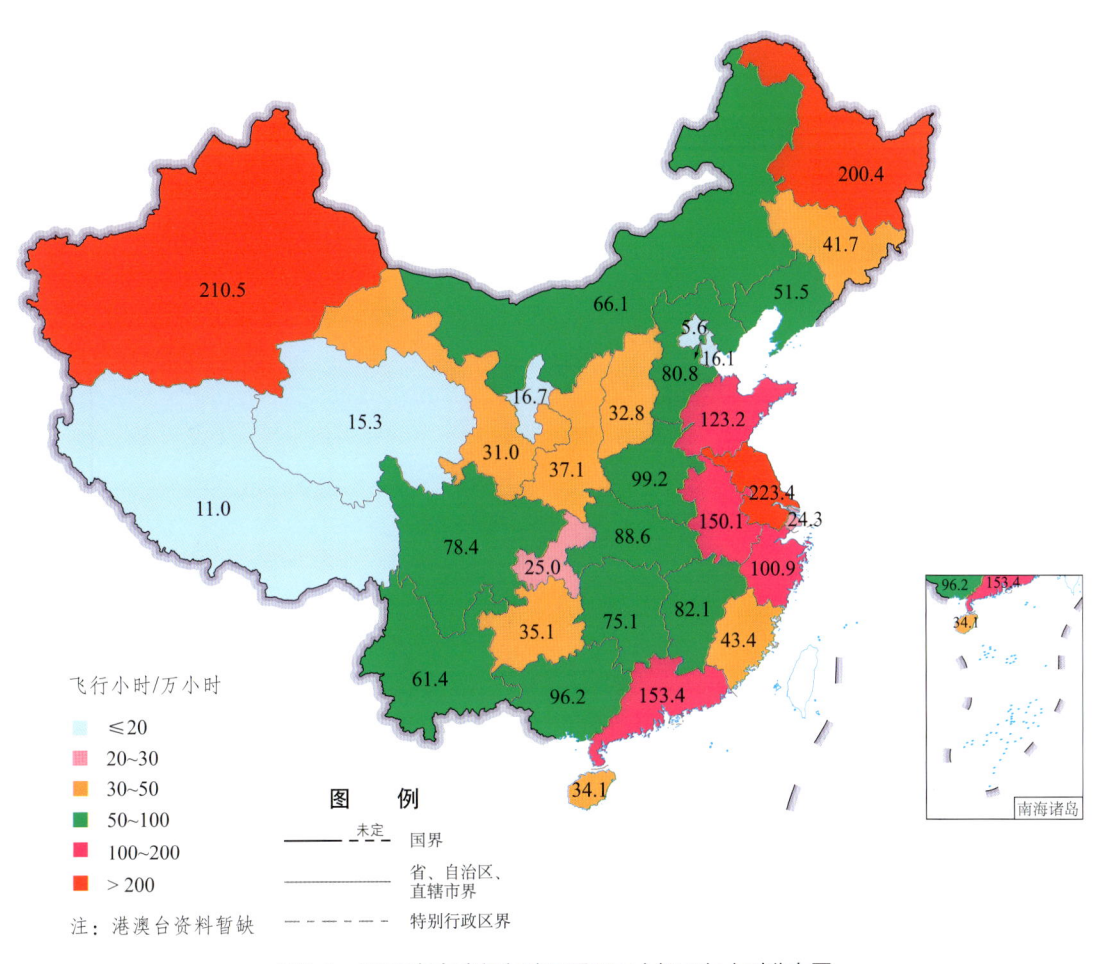

图2.8 2023年各省级行政区民用无人机飞行小时分布图

2.3 飞行数量

2023年，全国共计2 819 962架不同产品序列号的民用无人机有过飞行记录，比2022年增长15.2%。同一架无人机可能在多地飞行，因此全年各省级行政区数据累加和（约460.5万架）大于全国统计数值。广东约有49.9万架民用无人机有过飞行记录，占各省级行政区累加和的10.8%，位居全国首位。江苏和四川民用无人机飞行数量分别为33.8万架和28.3万架，分别占全国累加和的7.3%和6.1%，分列第二、三位。详见表2.3、图2.9。

表2.3 2023年各省级行政区民用无人机飞行数量统计表

排名	省级行政区	飞行数量/架	排名较2022年变化
1	广东	498668	不变
2	江苏	338478	不变
3	四川	283150	↑1
4	浙江	282460	↓1
5	山东	229071	不变
6	云南	184394	↑1
7	河南	182238	↓1
8	安徽	178013	不变
9	湖北	171157	不变
10	广西	168821	↑1
11	湖南	163474	↓1
12	河北	154174	不变
13	新疆	151707	↑4
14	福建	140432	不变
15	内蒙古	131753	↑4
16	江西	127996	不变
17	陕西	121145	↓2
18	贵州	115276	不变
19	上海	106799	↓6
20	甘肃	104693	↑6
21	辽宁	94951	↓1
22	重庆	91202	↓1
23	山西	87323	↑1
24	青海	82138	↑3
25	黑龙江	77313	↓3
26	天津	73834	↓3
27	海南	73819	↓2
28	西藏	64608	↑2
29	吉林	54365	不变
30	北京	42342	↓2
31	宁夏	29695	不变

图2.9 2022—2023年各省级行政区民用无人机飞行数量统计图

2.4 飞行时长

2023年，飞行时长在5 min以下的民用无人机飞行架次共计15277.1万架次，占全年总飞行架次的59.4%，占比较2022年增加0.1%；飞行时长在5 min（含）~10 min的民用无人机飞行架次共计8272.7万架次，占全年总飞行架次的32.2%，占比较2022年增长2.4%；飞行时长在10 min及以上的民用无人机飞行架次共计2170.9万架次，占全年总飞行架次的8.4%，占比较2022年减少2.5%。详见图2.10。

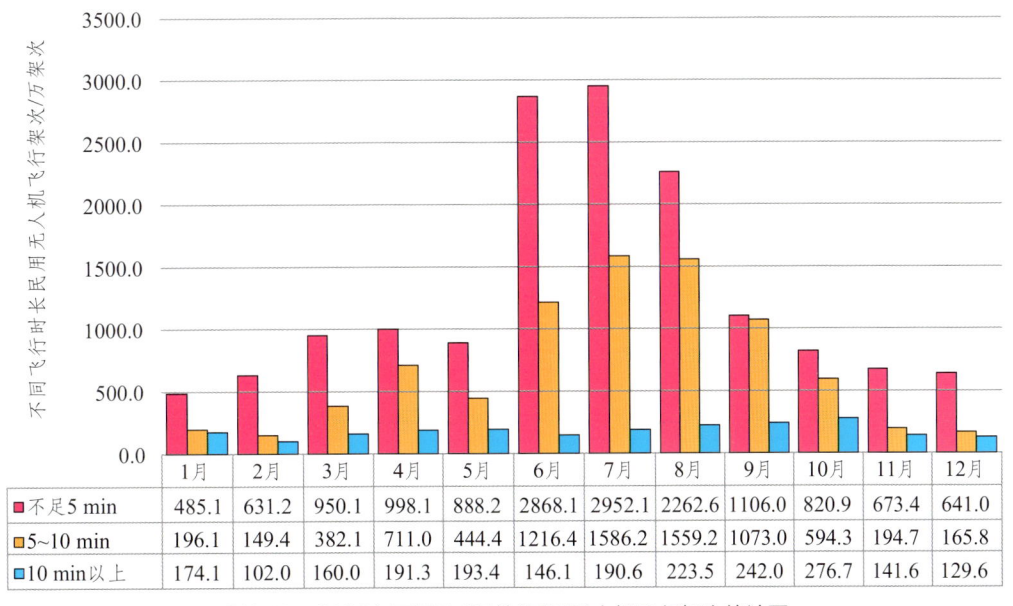

	1月	2月	3月	4月	5月	6月	7月	8月	9月	10月	11月	12月
不足5 min	485.1	631.2	950.1	998.1	888.2	2868.1	2952.1	2262.6	1106.0	820.9	673.4	641.0
5~10 min	196.1	149.4	382.1	711.0	444.4	1216.4	1586.2	1559.2	1073.0	594.3	194.7	165.8
10 min以上	174.1	102.0	160.0	191.3	193.4	146.1	190.6	223.5	242.0	276.7	141.6	129.6

图2.10 2023年不同飞行时长民用无人机飞行架次统计图

2.5 飞行高度

2023年，飞行高度在30 m以下的民用无人机飞行架次共计19228.2万架次，占全年总飞行架次的74.8%，占比较2022年增长0.9%；飞行高度在30 m（含）～120 m的民用无人机飞行架次共计3910.2万架次，占全年总飞行架次的15.2%，占比较2022年减少0.5%；飞行高度在120 m（含）～300 m的民用无人机飞行架次共计1859.8万架次，占全年总飞行架次的7.2%，占比较2022年减少0.4%；飞行高度在300 m及以上的民用无人机飞行架次共计722.6万架次，占全年总飞行架次的2.8%，占比较2022年增长0.1%。详见图2.11。

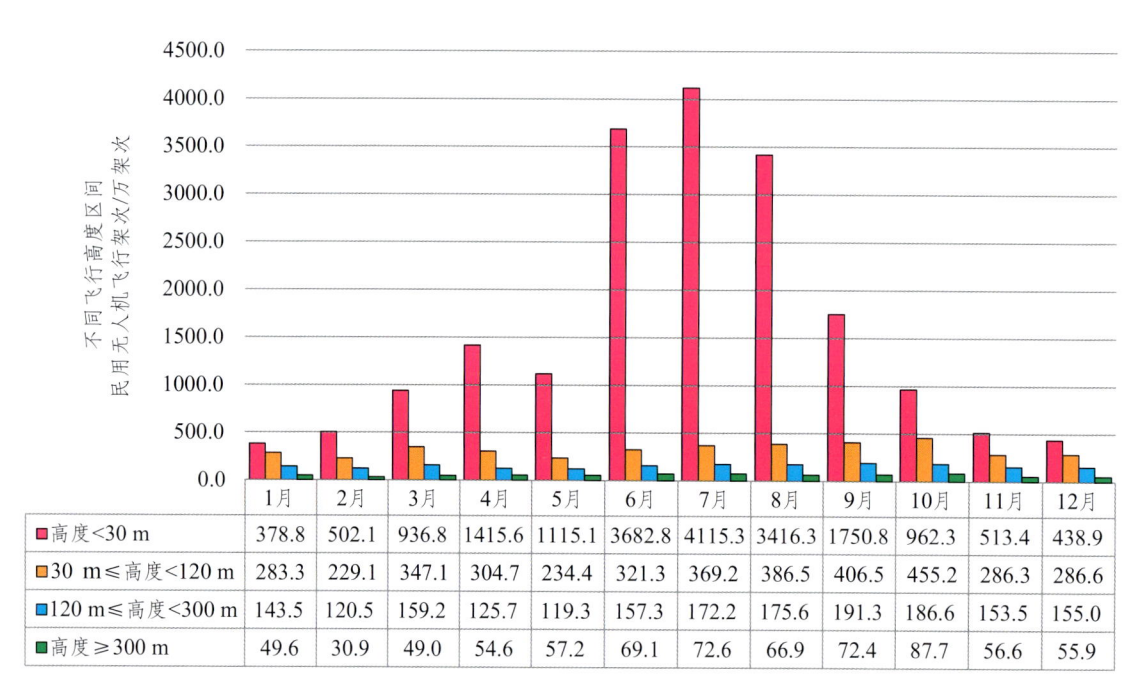

不同飞行高度区间	1月	2月	3月	4月	5月	6月	7月	8月	9月	10月	11月	12月
高度<30 m	378.8	502.1	936.8	1415.6	1115.1	3682.8	4115.3	3416.3	1750.8	962.3	513.4	438.9
30 m≤高度<120 m	283.3	229.1	347.1	304.7	234.4	321.3	369.2	386.5	406.5	455.2	286.3	286.6
120 m≤高度<300 m	143.5	120.5	159.2	125.7	119.3	157.3	172.2	175.6	191.3	186.6	153.5	155.0
高度≥300 m	49.6	30.9	49.0	54.6	57.2	69.1	72.6	66.9	72.4	87.7	56.6	55.9

图2.11 2023年不同飞行高度区间民用无人机飞行架次统计图

2.6 分布热力图

图2.12至图2.14分别对飞行高度120 m以下、120 m（含）～300 m、300 m及以上的民用无人机运行区域分布进行直观呈现。

2 全年民用无人机运行情况统计

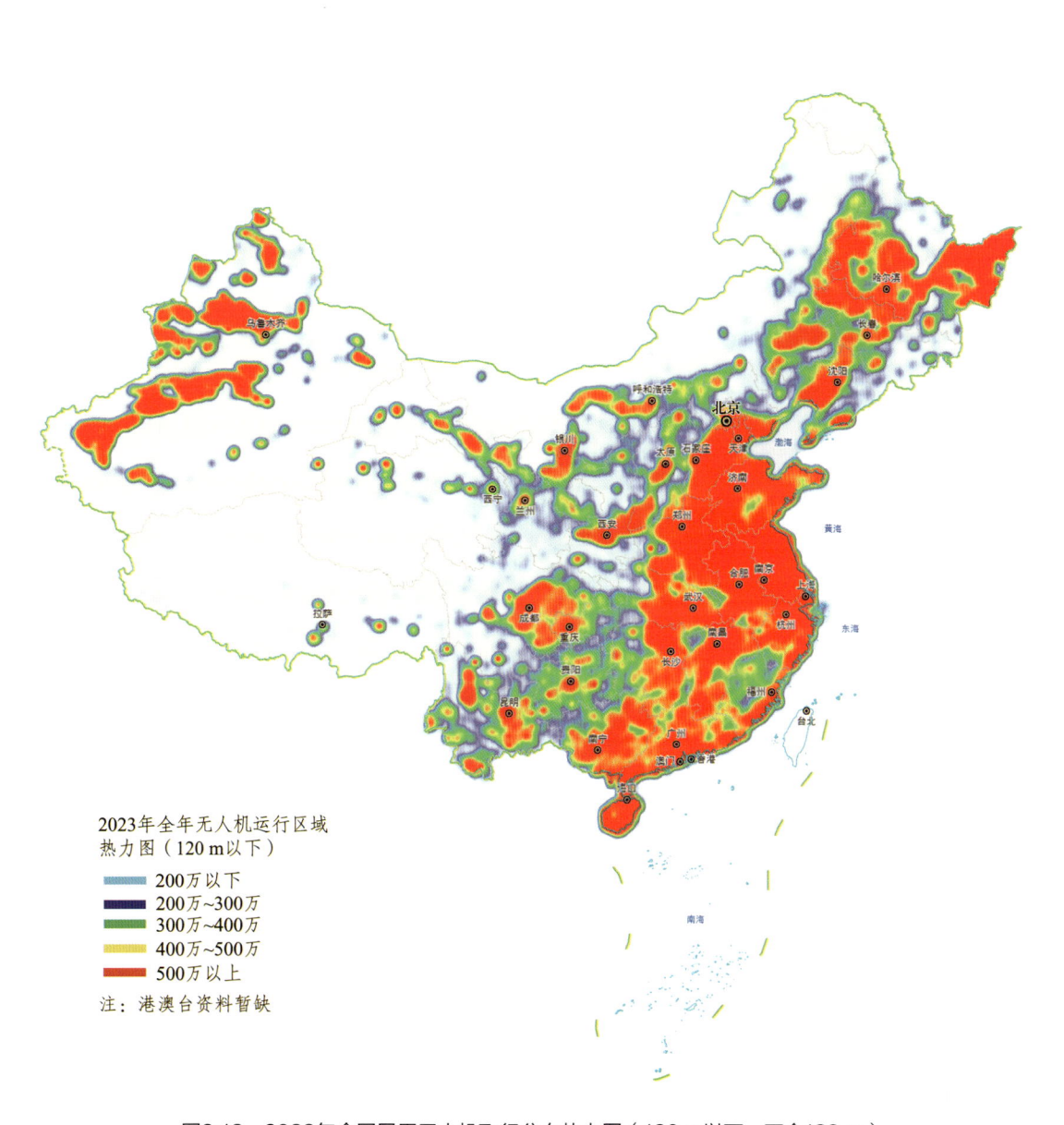

图2.12 2023年全国民用无人机飞行分布热力图（120 m以下，不含120 m）

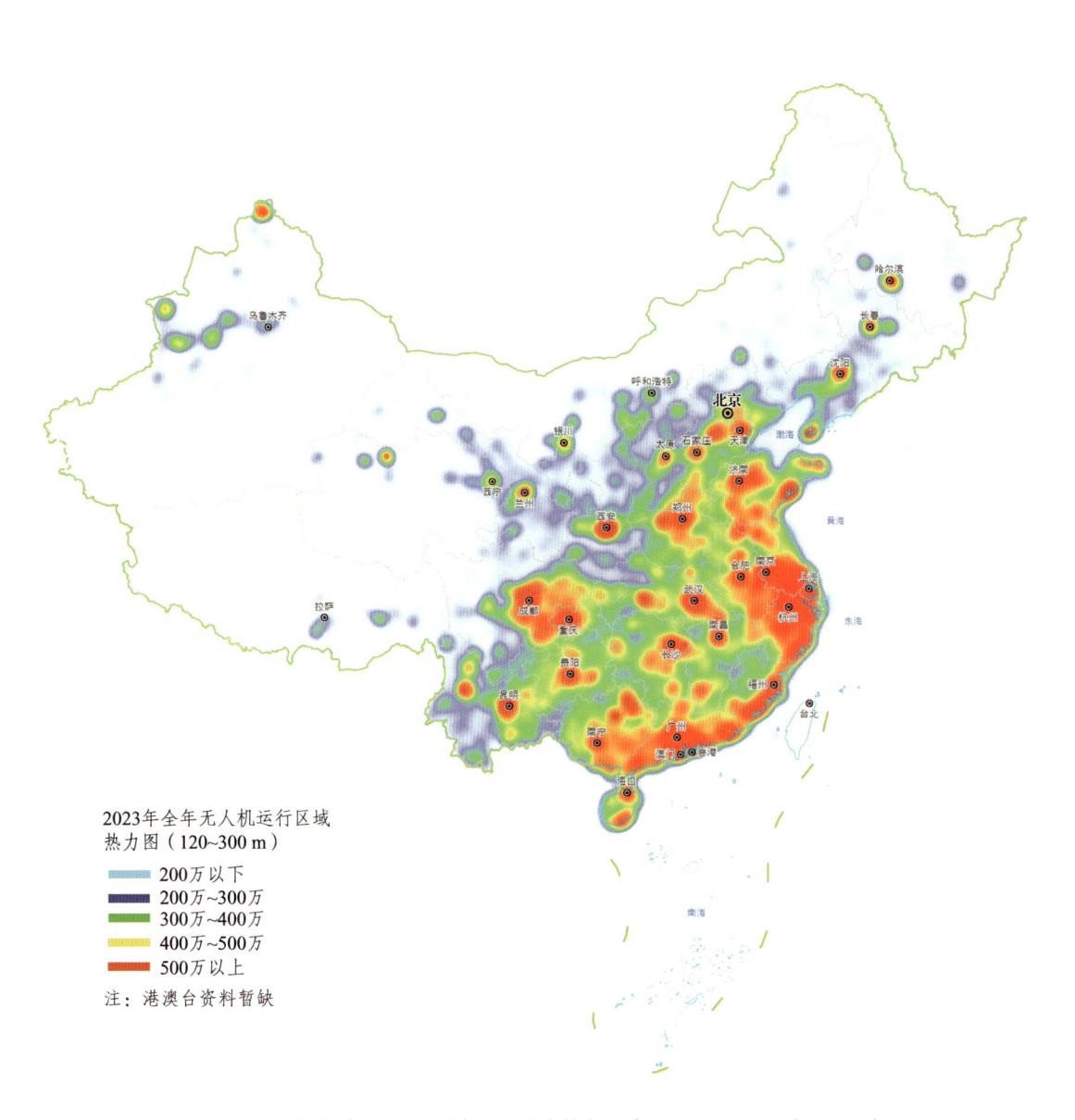

图2.13　2023年全国民用无人机飞行分布热力图（120～300 m，含120 m）

2 全年民用无人机运行情况统计

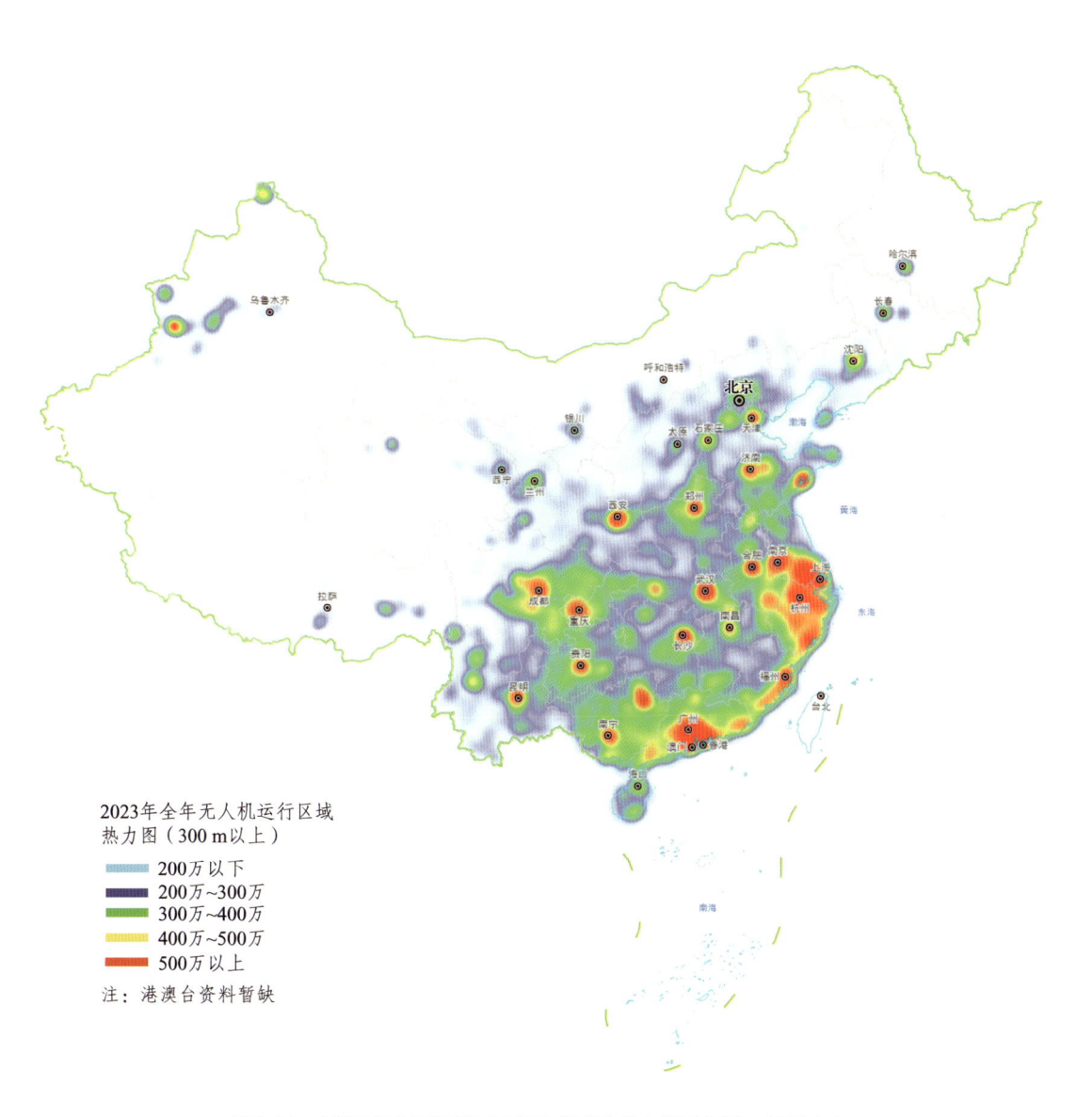

图2.14 2023年全国民用无人机飞行分布热力图（300 m及以上）

2.7 年度对比

与2022年相比，2023年全国民用无人机飞行小时增加243.9万小时，增幅11.8%；有过飞行记录的民用无人机数量增加37.2万架，增幅15.2%；飞行架次增加502.5万架次，增幅2.0%；单架次平均飞行时长增加0.5 min；飞行时长在5 min（含）~10 min的飞行架次占比增加2.4%；单架次飞行高度120 m及以下的飞行架次占比增加0.3%。详见表2.4。

表2.4　2022年与2023年民用无人机统计指标对比

指标		2022年	2023年	同比增加
飞行架次/万架次		25218.2	25720.7	502.5（2.0%）
飞行小时/万小时		2067.0	2310.9	243.9（11.8%）
飞行数量/万架		244.8	282.0	37.2（15.2%）
单架次飞行时长/min		4.9	5.4	0.5（10.2%）
单架次飞行时长占比/%	飞行时长<5 min	59.3	59.4	0.1%
	5 min≤飞行时长<10 min	29.8	32.2	2.4%
	飞行时长≥10 min	10.9	8.4	−2.5%
单架次飞行高度占比/%	飞行高度<30 m	74.0	74.8	0.9%
	30 m≤飞行高度<120 m	15.7	15.2	−0.5%
	120 m≤飞行高度<300 m	7.6	7.2	−0.4%
	飞行高度≥300 m	2.7	2.8	0.1%

3
第一季度民用无人机运行情况统计

3.1 飞行架次

2023年第一季度，全国民用无人机总飞行架次为3230.1万架次，日均飞行架次为35.9万架次，比2022年减少15.6%。第一季度民用无人机活动高峰期为3月份，达1492.3万架次，日均飞行架次为48.1万架次，比2022年高峰月份（3月）减少23.1%。详见图3.1。

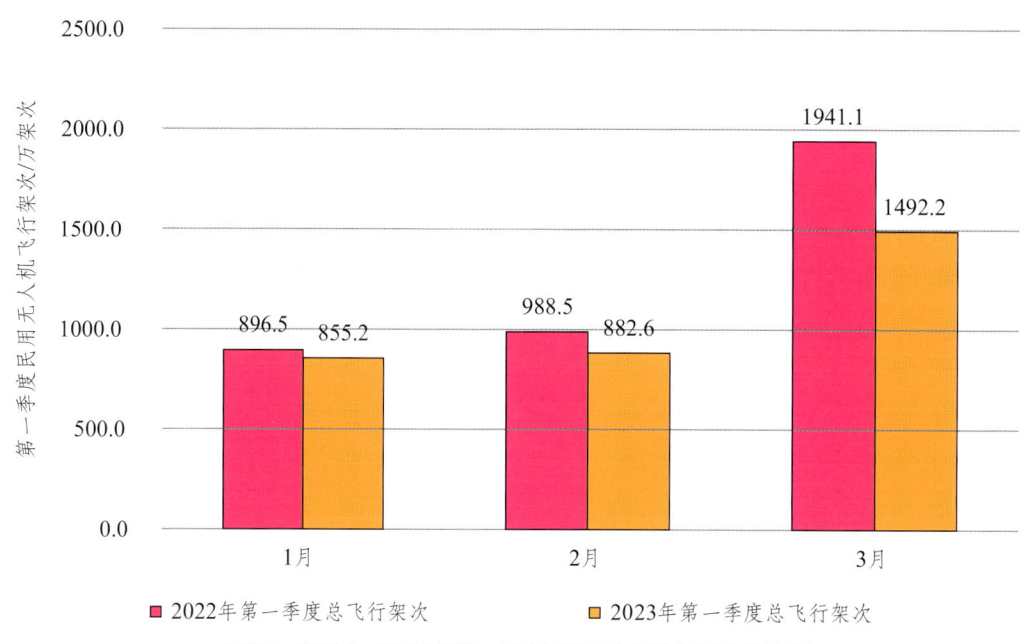

图3.1 2022—2023年第一季度民用无人机飞行架次统计图

从全国四大区域分布来看，东部地区民用无人机飞行架次为1567.2万架次，比2022年减少22.4%；中部地区845.0万架次，比2022年减少10.8%；西部地区750.8万架次，比2022年减少5.1%；东北地区67.0万架次，较2022年不变。详见图3.2。

从中国民航七大地区分布来看，华北地区民用无人机飞行架次为192.1万架次，比2022年减少1.9%；东北地区67.0万架次，较2022年不变；中南地区961.3万架次，比2022年减少20.7%；华东地区1431.3万架次，比2022年减少18.7%；西南地区414.2万架次，比2022年减少7.8%；西北地区117.3万架次，比2022年增长13.0%；新疆地区46.8万架次，比2022年增长28.0%。详见图3.3。

图3.2　2022—2023年第一季度全国四大区域民用无人机飞行架次统计图

图3.3　2022—2023年第一季度中国民航七大地区民用无人机飞行架次统计图

从省级行政区分布来看，江苏民用无人机飞行架次为562.4万架次，占第一季度全国总飞行架次的17.4%，位居全国首位，排名较2022年该季度不变；广东民用无人机飞行架次为296.9万架次，占第一季度全国总飞行架次的9.2%，排名较2022年该季度不变；安徽民用无人机飞行架次为288.0万架次，占第一季度全国总飞行架次的8.9%，排名较2022年该季度不变。详见表3.1、图3.4。

037

表3.1 2023年第一季度各省级行政区民用无人机飞行架次统计表

排名	省级行政区	飞行架次/万架次	排名较2022年变化
1	江苏	562.4	不变
2	广东	296.9	不变
3	安徽	288.0	不变
4	浙江	194.0	不变
5	河南	193.4	不变
6	山东	181.2	↑1
7	四川	168.4	↓1
8	广西	147.7	不变
9	湖北	131.9	↑1
10	云南	124.9	↑1
11	湖南	100.5	↑2
12	河北	96.7	不变
13	海南	90.9	↓4
14	江西	87.2	不变
15	福建	78.5	不变
16	陕西	67.6	不变
17	贵州	58.7	不变
18	重庆	46.8	不变
19	新疆	46.8	↑2
20	山西	44.0	不变
21	上海	39.9	↓2
22	辽宁	33.6	不变
23	甘肃	29.3	不变
24	内蒙古	24.9	不变
25	天津	18.2	↑1
26	黑龙江	17.1	↓1
27	吉林	16.4	不变
28	西藏	15.4	不变
29	青海	10.6	↑1
30	宁夏	9.8	↓1
31	北京	8.4	不变

3 第一季度民用无人机运行情况统计

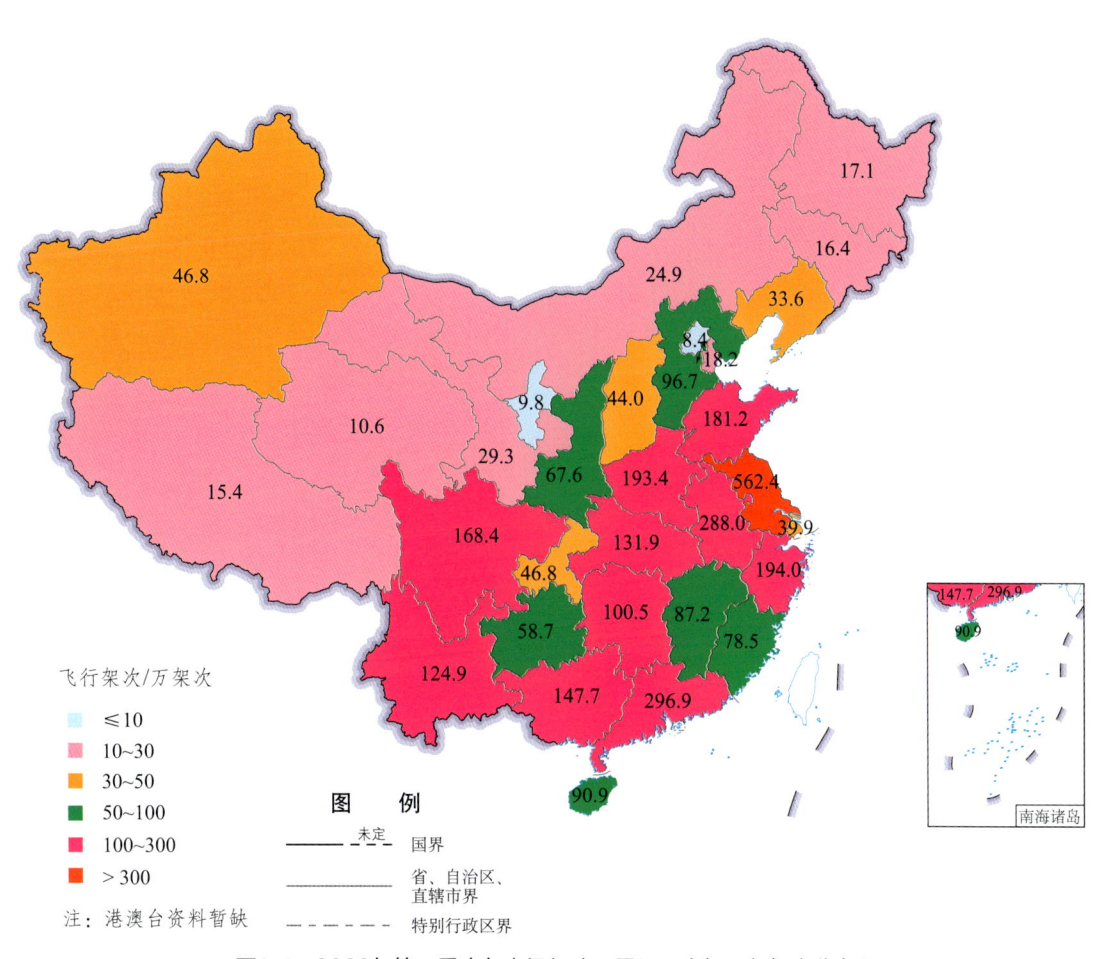

图3.4 2023年第一季度各省级行政区民用无人机飞行架次分布图

3.2 飞行小时

2023年第一季度，全国民用无人机总飞行小时为318.6万小时，比2022年该季度增长23.9%，月均飞行小时106.2万小时，日均飞行小时3.5万小时。第一季度民用无人机活动高峰期为3月份，达145.2万小时，比2022年该季度高峰月份（3月）增长29.0%，3月日均飞行小时4.7万小时。详见图3.5。

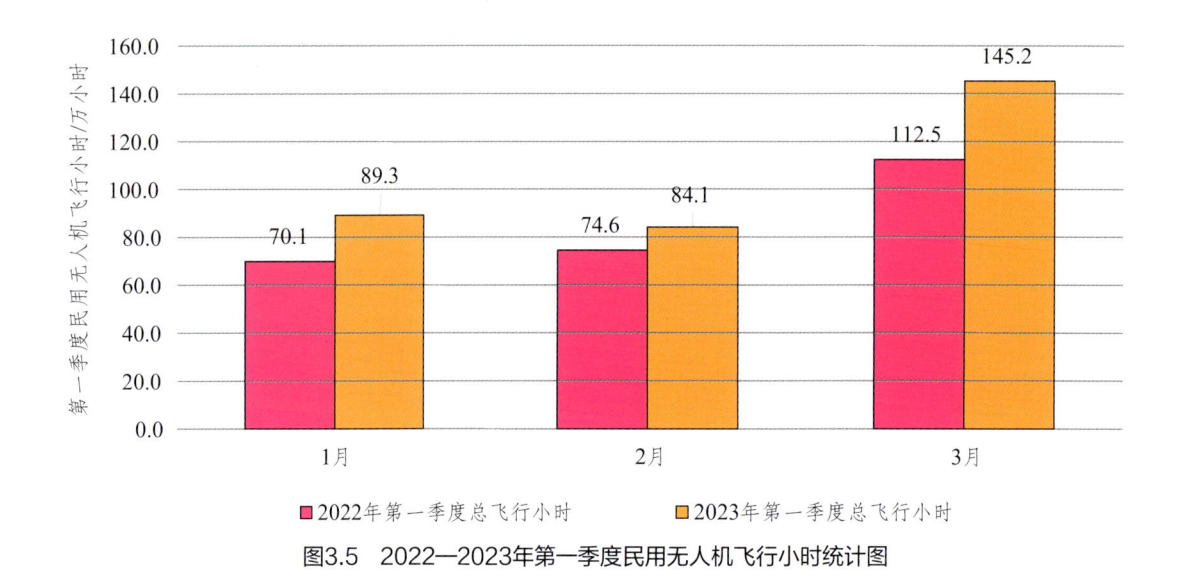

图3.5 2022—2023年第一季度民用无人机飞行小时统计图

从全国四大区域分布来看,东部地区民用无人机飞行小时为144.0万小时,比2022年增长14.8%;中部地区79.3万小时,比2022年增长37.7%;西部地区87.6万小时,比2022年增长29.3%;东北地区7.8万小时,比2022年增长19.9%。详见图3.6。

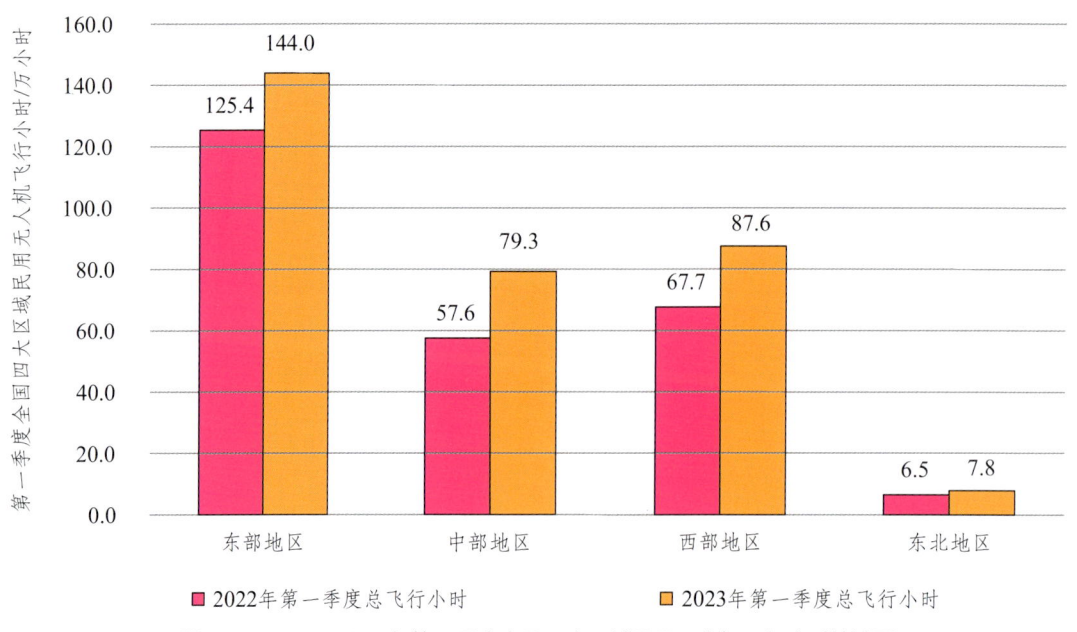

图3.6 2022—2023年第一季度全国四大区域民用无人机飞行小时统计图

从中国民航七大地区分布来看，华北地区民用无人机飞行小时为20.7万小时，比2022年增长39.7%；东北地区7.8万小时，比2022年增长19.9%；中南地区105.0万小时，比2022年增长17.9%；华东地区117.9万小时，比2022年增长25.2%；西南地区49.1万小时，比2022年增长21.9%；西北地区13.4万小时，比2022年增长43.0%；新疆地区4.7万小时，比2022年增长59.6%。详见图3.7。

图3.7　2022—2023年第一季度中国民航七大地区民用无人机飞行小时统计图

从省级行政区分布来看，江苏民用无人机总飞行小时为35.8万小时，占第一季度全国总飞行小时的11.2%，位居全国首位，排名较2022年该季度上升1位；广东民用无人机总飞行小时为34.4万小时，占第一季度总飞行小时的10.7%，位居全国第二，排名较2022年该季度下降1位；安徽民用无人机总飞行小时为21.5万小时，占第一季度总飞行小时的6.7%，位居全国第三，排名较2022年该季度上升2位。详见表3.2、图3.8。

表3.2 2023年第一季度各省级行政区民用无人机飞行小时统计表

排名	省级行政区	飞行小时/万小时	排名较2022年变化
1	江苏	35.8	↑1
2	广东	34.4	↓1
3	安徽	21.5	↑2
4	四川	19.1	↓1
5	浙江	18.9	↓1
6	山东	18.3	不变
7	河南	18.0	不变
8	广西	17.4	不变
9	云南	14.7	不变
10	湖北	14.0	↑1
11	湖南	11.6	↑1
12	河北	10.0	↑2
13	海南	9.6	↓3
14	福建	9.4	↓1
15	江西	9.3	不变
16	陕西	7.6	↑2
17	贵州	7.6	↓1
18	重庆	5.9	↓1
19	山西	4.8	↑1
20	新疆	4.7	↑2
21	上海	4.6	↓2
22	辽宁	3.9	↓1
23	甘肃	3.4	不变
24	内蒙古	3.0	不变
25	黑龙江	2.1	↑1
26	西藏	1.9	↑2
27	吉林	1.9	↓2
28	天津	1.8	↓1
29	青海	1.3	不变
30	宁夏	1.1	不变
31	北京	1.0	不变

3 第一季度民用无人机运行情况统计

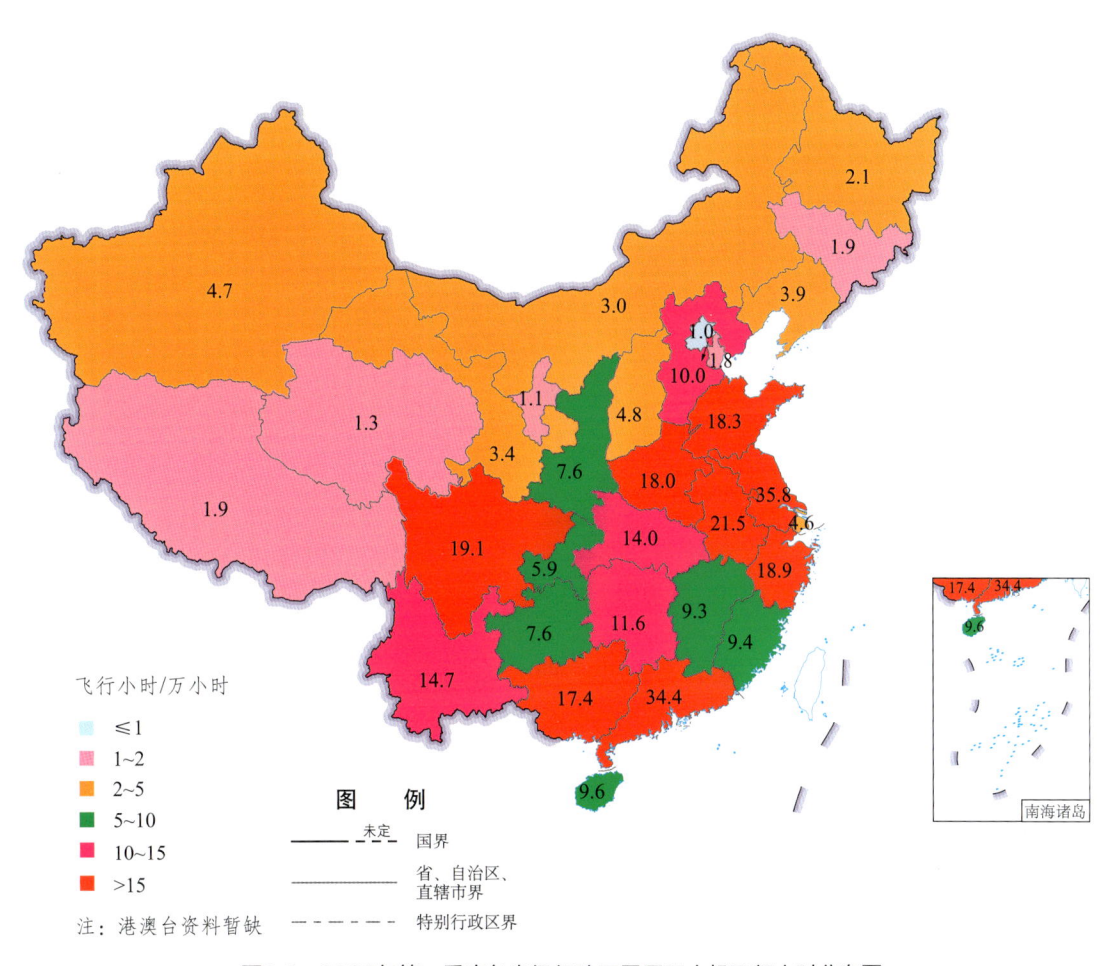

图3.8　2023年第一季度各省级行政区民用无人机飞行小时分布图

3.3　飞行数量

2023年第一季度，全国共计233.2万架不同产品序列号的民用无人机有过飞行记录，比2022年增长32.4%。由于同一架无人机可能在多地飞行，因此2023年第一季度各省级行政区数据累加和（约260.2万架）大于全国统计数值。广东约有33.4万架民用无人机有过飞行记录，占各省级行政区累加和的12.8%，位居全国首位；江苏和浙江民用无人机飞行数量分别为22.1万架和18.7万架，占全国累加和的8.5%和7.2%，分列第二、三位。详见表3.3、图3.9。

表3.3　第一季度各省级行政区民用无人机飞行数量统计表

排名	省级行政区	飞行数量/架	排名较2022年变化
1	广东	333791	不变
2	江苏	220408	不变
3	浙江	187377	不变
4	四川	166613	不变
5	山东	142891	不变
6	河南	127478	不变
7	安徽	117171	↑1
8	云南	114349	↑3
9	广西	113264	不变
10	湖北	107152	↓3
11	湖南	102018	↓1
12	福建	90664	不变
13	河北	81428	不变
14	江西	76096	↑2
15	陕西	70035	↑3
16	贵州	63745	↑1
17	重庆	59339	↓2
18	上海	58383	↓4
19	海南	48271	不变
20	辽宁	43920	不变
21	山西	42001	不变
22	新疆	34952	↑1
23	甘肃	31750	↓1
24	天津	31563	↑1
25	内蒙古	31042	↓1
26	黑龙江	26745	↓1
27	吉林	22959	不变
28	西藏	16666	不变
29	北京	15230	↑2
30	青海	13161	↓1
31	宁夏	10555	↓1

3 第一季度民用无人机运行情况统计

图3.9 2022—2023年第一季度各省级行政区民用无人机飞行数量统计图

3.4 飞行时长

2023年第一季度，飞行时长在5 min以下的民用无人机飞行架次共计2066.3万架次，占本季度总飞行架次的64.0%，占比较2022年减少5.4%；飞行时长在5 min（含）~10 min的民用无人机飞行架次共计727.6万架次，占本季度总飞行架次的22.5%，占比较2022年增长4.4%；飞行时长在10 min及以上的民用无人机飞行架次共计436.2万架次，占本季度总飞行架次的13.5%，占比较2022年增长1.0%。详见图3.10。

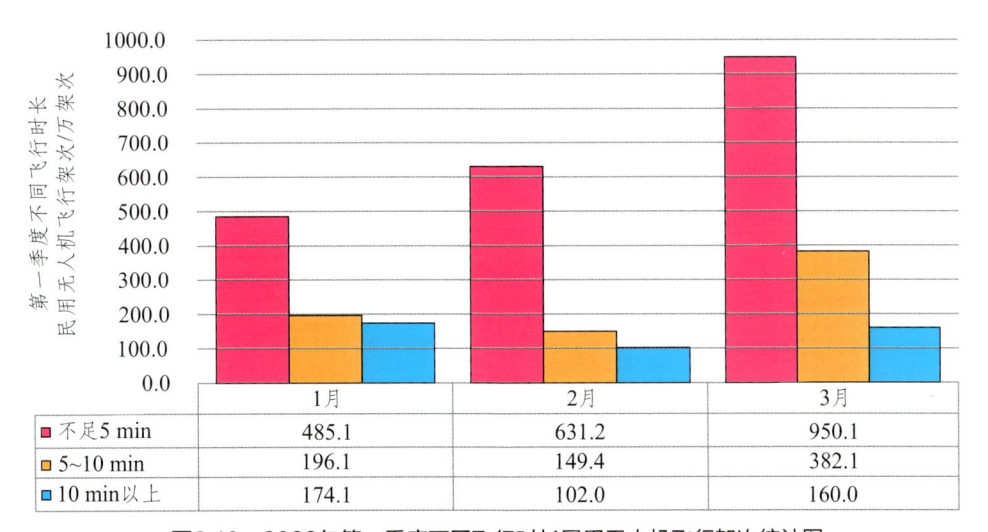

	1月	2月	3月
不足5 min	485.1	631.2	950.1
5~10 min	196.1	149.4	382.1
10 min以上	174.1	102.0	160.0

图3.10 2023年第一季度不同飞行时长民用无人机飞行架次统计图

3.5 飞行高度

2023年第一季度，飞行高度在30 m以下的民用无人机飞行架次共计1817.7万架次，占本季度总飞行架次的56.3%，占比较2022年减少12.3%；飞行高度在30 m（含）~120 m的民用无人机飞行架次共计859.5万架次，占本季度总飞行架次的26.6%，占比较2022年增长7.7%；飞行高度在120 m（含）~300 m的民用无人机飞行架次共计423.3万架次，占本季度总飞行架次的13.1%，占比较2022年增长3.7%；飞行高度在300 m及以上的民用无人机飞行架次共计129.6万架次，占本季度总飞行架次的4.0%，占比较2022年增长0.9%。详见图3.11。

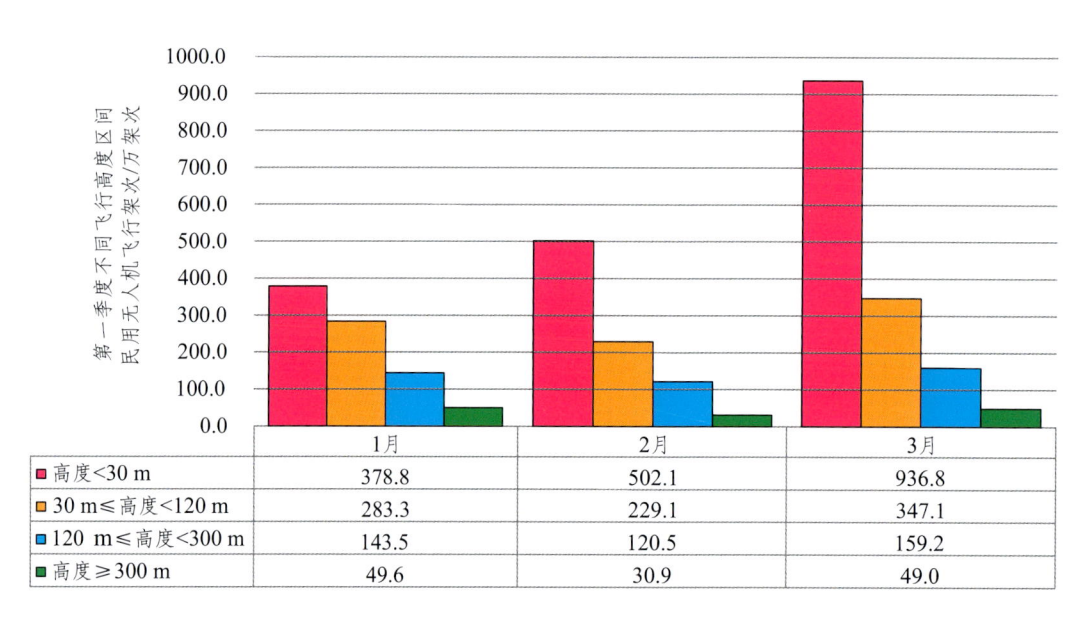

第一季度不同飞行高度区间民用无人机飞行架次/万架次	1月	2月	3月
高度<30 m	378.8	502.1	936.8
30 m≤高度<120 m	283.3	229.1	347.1
120 m≤高度<300 m	143.5	120.5	159.2
高度≥300 m	49.6	30.9	49.0

图3.11 2023年第一季度不同飞行高度区间民用无人机飞行架次统计图

3.6 分布热力图

图3.12至图3.14分别对2023年第一季度飞行高度120 m以下、120 m（含）~300 m、300 m及以上的民用无人机运行区域分布进行直观呈现。

3 第一季度民用无人机运行情况统计

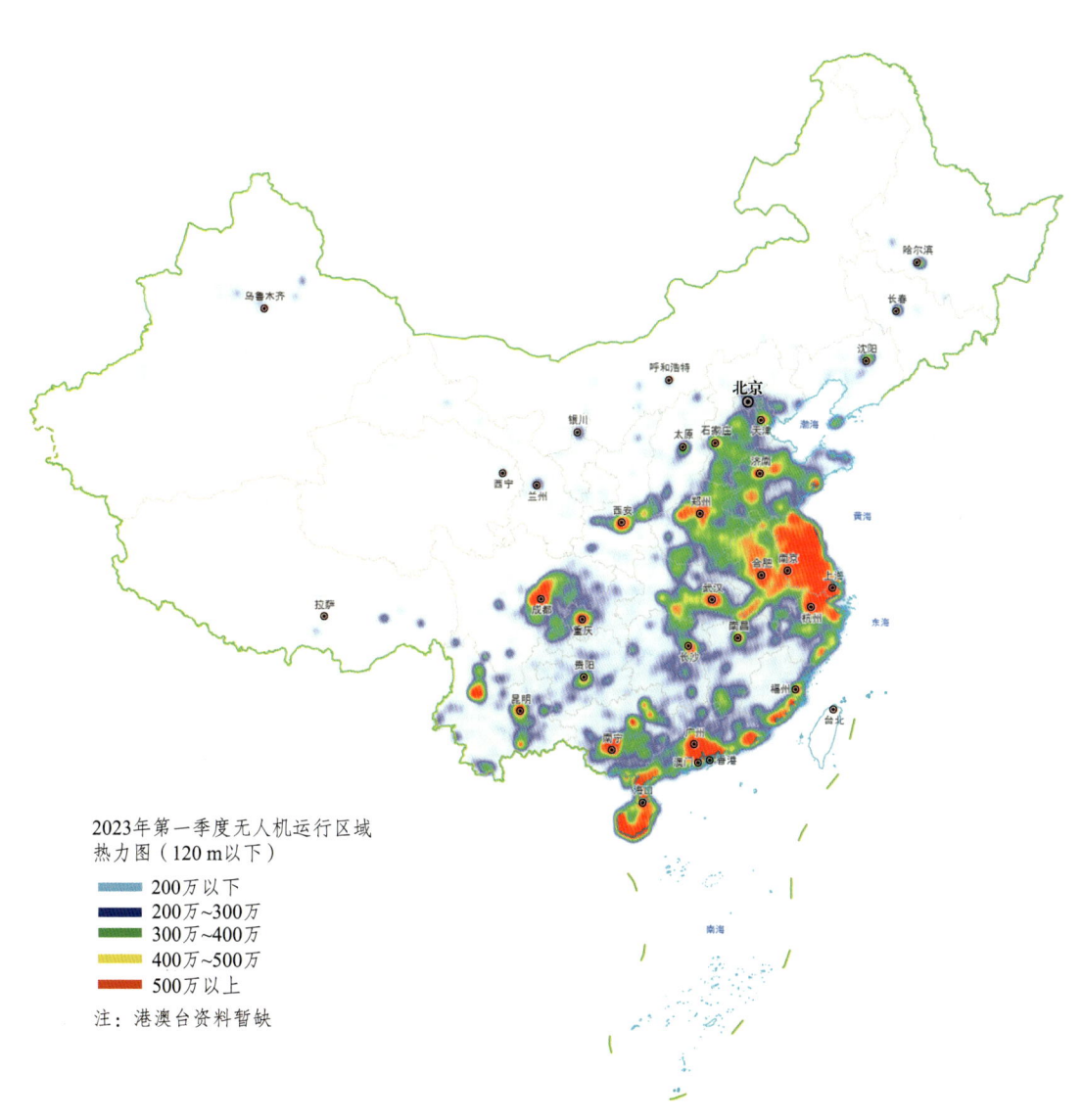

图3.12 2023年第一季度全国民用无人机飞行分布热力图（120 m以下，不含120 m）

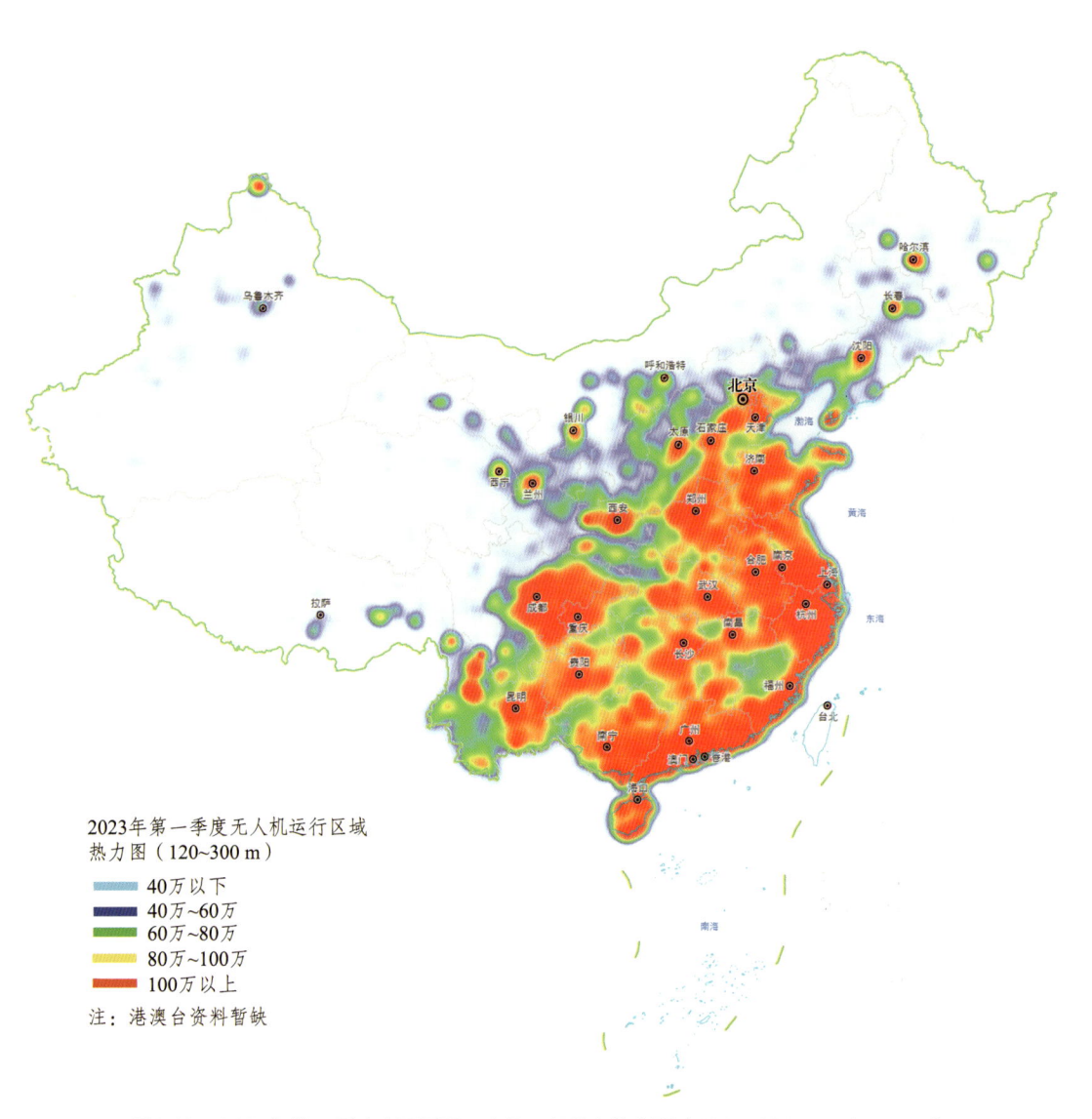

图3.13 2023年第一季度全国民用无人机飞行分布热力图（120～300 m，含120 m）

3 第一季度民用无人机运行情况统计

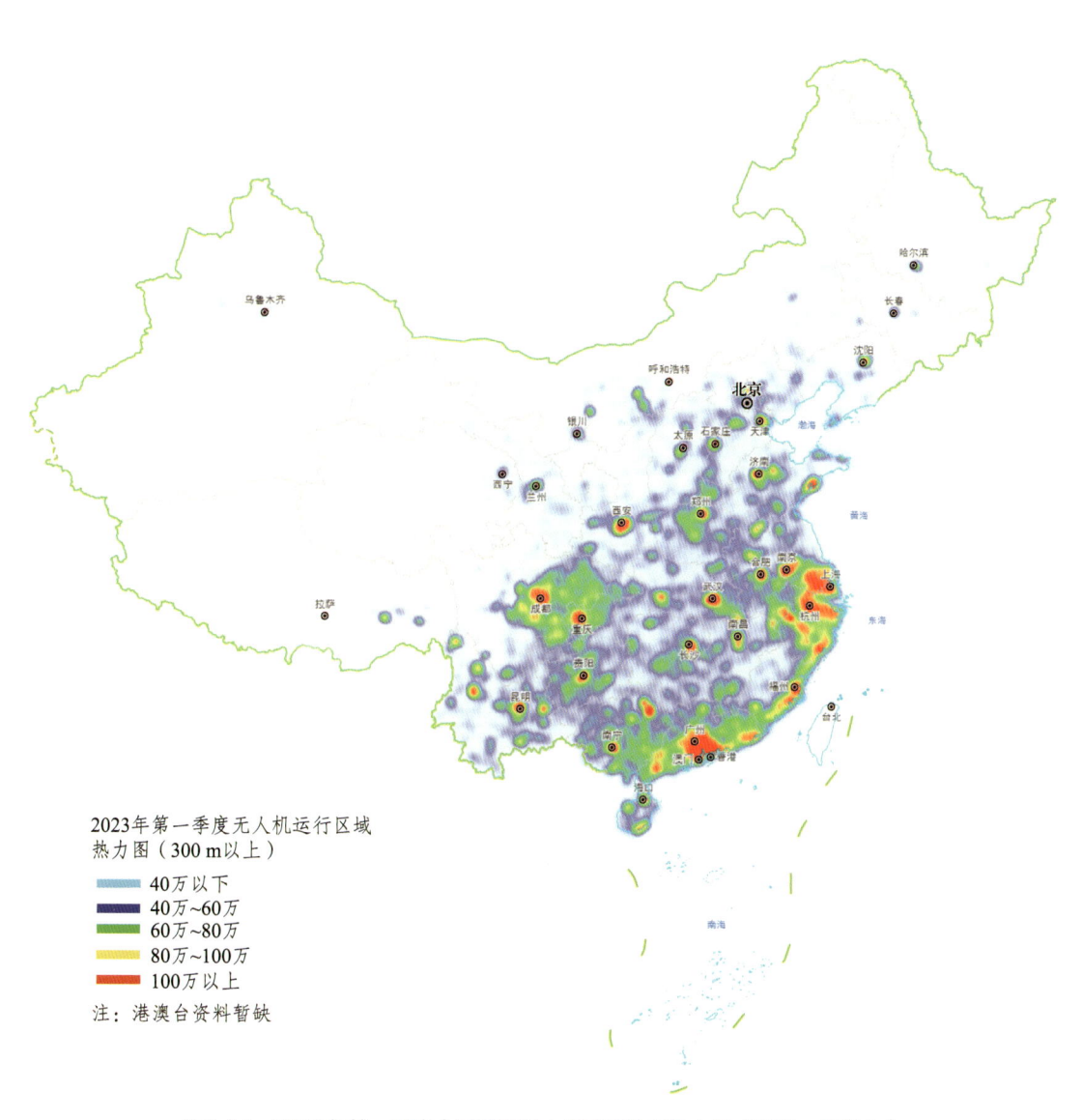

图3.14 2023年第一季度全国民用无人机飞行分布热力图（300 m及以上）

4

第二季度民用无人机运行情况统计

4.1　飞行架次

2023年第二季度，全国民用无人机总飞行架次为7657.1万架次，日均飞行架次84.1万架次，比2022年减少22.4%。第二季度民用无人机活动高峰期为6月份，达4230.5万架次，日均飞行架次141.0万架次，比2022年高峰月份（6月）增加10.1%。详见图4.1。

图4.1　2022—2023年第二季度民用无人机飞行架次统计图

从全国四大区域分布来看，东部地区民用无人机飞行架次为2262.8万架次，比2022年减少29.6%；中部地区1758.9万架次，比2022年减少28.3%；西部地区1597.0万架次，比2022年减少9.8%；东北地区2038.4万架次，比2022年减少15.9%。详见图4.2。

从中国民航七大地区分布来看，华北地区民用无人机飞行架次为640.0万架次，比2022年减少约22.0%；东北地区2038.4万架次，比2022年减少15.9%；中南地区1439.3万架次，比2022年减少27.1%；华东地区2296.1万架次，比2022年减少29.3%；西南地区439.9万架次，比2022年减少17.4%；西北地区256.0万架次，比2022年减少10.9%；新疆地区547.3万架次，比2022年减少5.7%。详见图4.3。

图4.2　2022—2023年第二季度全国四大区域民用无人机飞行架次统计图

图4.3　2022—2023年第二季度中国民航七大地区民用无人机飞行架次统计图

从省级行政区分布来看，黑龙江民用无人机飞行架次为1558.6万架次，占第二季度全国总飞行架次的20.4%，位居全国首位，排名较2022年该季度不变；江苏民用无人机飞行架次为666.4万架次，占第二季度全国总飞行架次的8.7%，排名较2022年该季度不变；安徽民用无人机飞行架次为556.6万架次，占第二季度全国总飞行架次的7.2%，排名较2022年该季度不变。详见表4.1、图4.4。

表4.1 2023年第二季度各省级行政区民用无人机飞行架次统计表

排名	省级行政区	飞行架次/万架次	排名较2022年变化
1	黑龙江	1558.6	不变
2	江苏	666.4	不变
3	安徽	556.6	不变
4	新疆	547.3	↑2
5	山东	386.5	不变
6	河南	346.1	↓2
7	广东	314.6	不变
8	河北	295.3	不变
9	湖北	292.3	↑1
10	浙江	287.5	↓1
11	吉林	253.8	↑4
12	江西	252.7	不变
13	辽宁	226.1	↑3
14	湖南	223.1	不变
15	广西	201.1	↓2
16	四川	187.8	↓5
17	内蒙古	152.6	↑1
18	云南	117.2	↑1
19	陕西	91.0	↓2
20	天津	90.8	不变
21	山西	88.1	不变
22	福建	85.9	不变
23	甘肃	78.2	↑4
24	海南	62.1	不变
25	贵州	60.9	↑1
26	上海	60.5	↓3
27	宁夏	54.1	↑1
28	重庆	51.1	↓3
29	青海	32.7	↑2
30	西藏	22.9	不变
31	北京	13.2	↓3

图4.4 2023年第二季度各省级行政区民用无人机飞行架次分布图

4.2 飞行小时

2023年第二季度，全国民用无人机总飞行小时为649.6万小时，比2022年该季度减少9.1%，月均飞行小时216.5万小时，日均飞行小时7.1万小时。第二季度民用无人机活动高峰期为6月份，达335.9万小时，比2022年该季度高峰月份（6月）增长11.6%，6月日均飞行小时11.2万小时。详见图4.5。

图4.5 2022—2023年第二季度民用无人机飞行小时统计图

从全国四大区域分布来看，东部地区民用无人机飞行小时为201.4万小时，比2022年减少16.3%；中部地区153.4万小时，比2022年减少2.3%；西部地区161.6万小时，比2022年减少2.4%；东北地区133.1万小时，比2022年减少12.0%。详见图4.6。

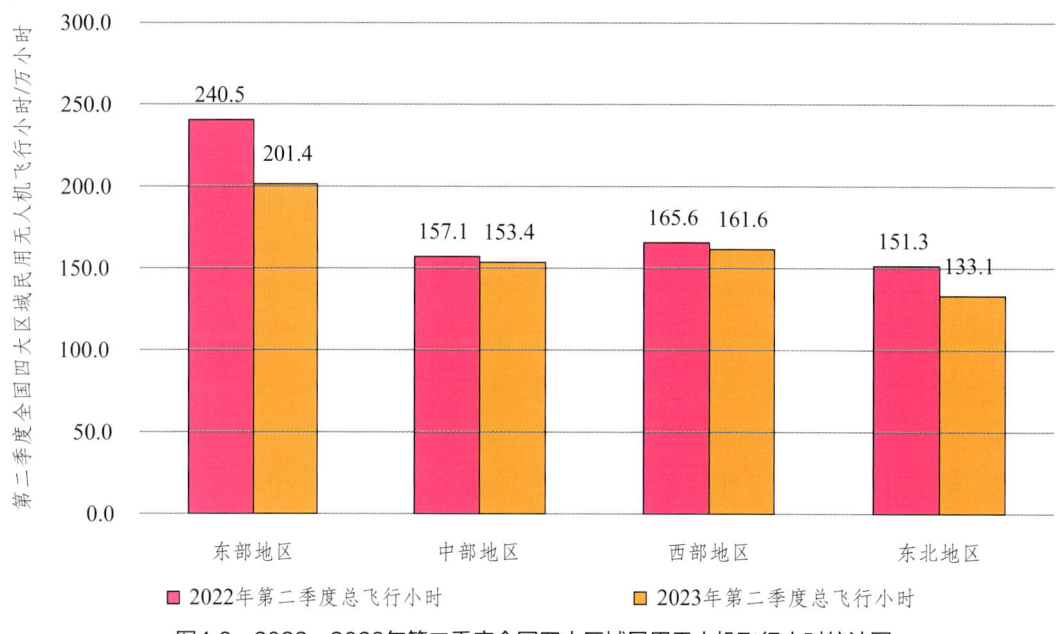

图4.6 2022—2023年第二季度全国四大区域民用无人机飞行小时统计图

从中国民航七大地区分布来看，华北地区民用无人机飞行小时为54.3万小时，比2022年减少7.1%；东北地区133.1万小时，比2022年减少12.0%；中南地区137.7万小时，比2022年减少8.6%；华东地区198.7万小时，比2022年减少10.6%；西南地区47.6万小时，比2022年减少10.6%；西北地区26.3万小时，比2022年增长1.5%；新疆地区51.8万小时，比2022年减少2.0%。详见图4.7。

图4.7　2022—2023年第二季度中国民航七大地区民用无人机飞行小时统计图

从省级行政区分布来看，黑龙江民用无人机总飞行小时为99.7万小时，占第二季度全国总飞行小时的15.4%，位居全国首位，排名较2022年该季度不变；新疆民用无人机总飞行小时为51.8万小时，占第二季度全国总飞行小时的8.0%，位居全国第二，排名较2022年该季度上升1位；江苏民用无人机总飞行小时为50.3万小时，占第二季度全国总飞行小时的7.7%，位居全国第三，排名较2022年该季度下降1位。详见表4.2、图4.8。

表4.2　2023年第二季度各省级行政区民用无人机飞行小时统计表

排名	省级行政区	飞行小时/万小时	排名较2022年变化
1	黑龙江	99.7	不变
2	新疆	51.8	↑1
3	江苏	50.3	↓1
4	安徽	46.9	不变
5	山东	36.5	不变
6	广东	33.6	不变
7	河南	32.3	不变
8	浙江	26.9	不变
9	河北	24.0	不变
10	湖北	23.8	不变
11	江西	21.9	↑1
12	广西	21.8	↓1
13	湖南	19.9	不变
14	四川	18.8	↓2
15	吉林	17.1	↑2
16	辽宁	16.3	↓1
17	内蒙古	14.1	↑2
18	云南	12.2	↓2
19	福建	10.1	↑1
20	陕西	9.7	↓2
21	山西	8.6	↑2
22	甘肃	7.9	↑5
23	贵州	7.6	↓1
24	海南	6.3	↑2
25	重庆	6.2	不变
26	上海	6.1	不变
27	天津	6.0	↓6
28	宁夏	5.0	不变
29	青海	3.7	↑2
30	西藏	2.7	不变
31	北京	1.5	↓2

4 第二季度民用无人机运行情况统计

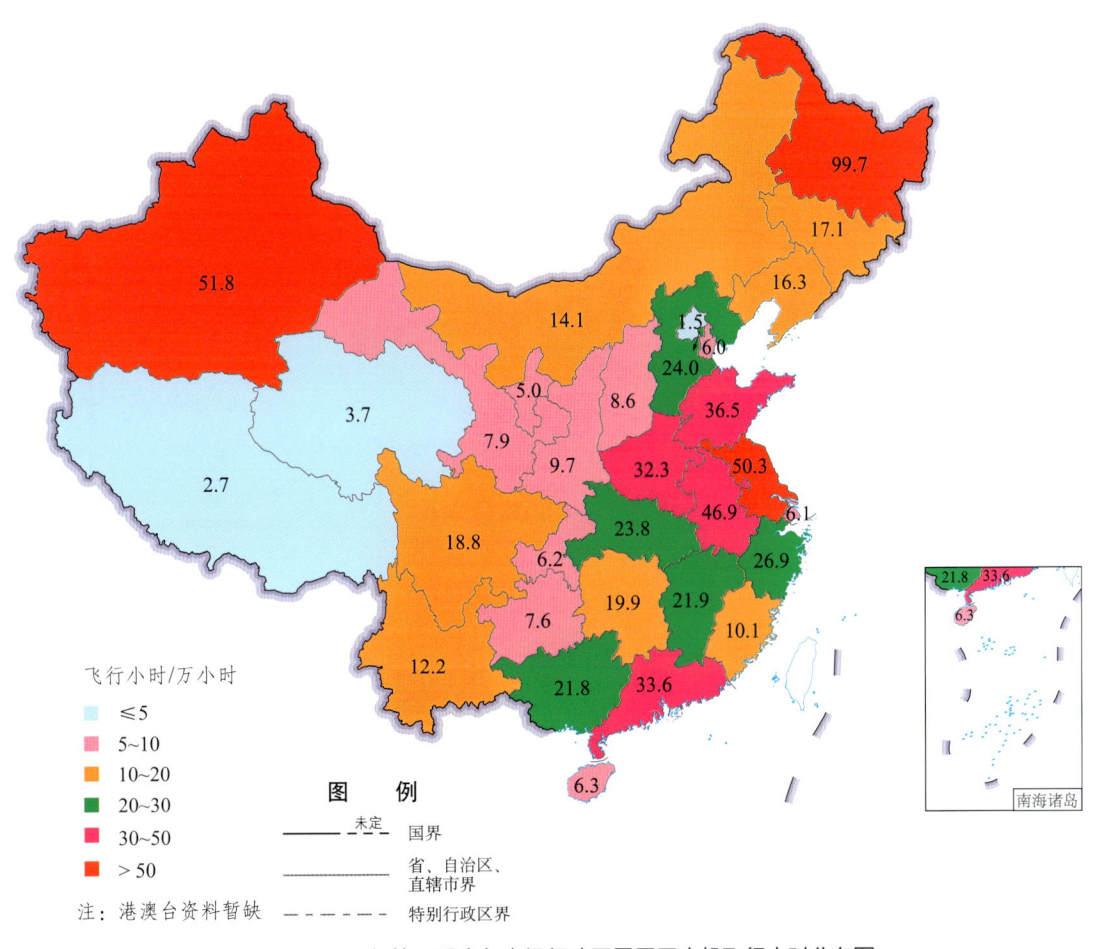

图4.8 2023年第二季度各省级行政区民用无人机飞行小时分布图

4.3 飞行数量

2023年第二季度，全国共计264.6万架不同产品序列号的民用无人机有过飞行记录，比2022年增长13.8%。由于同一架无人机可能在多地飞行，因此2023年第二季度各省级行政区数据累加和（约293.7万架）大于全国统计数值。广东约有29.7万架民用无人机有过飞行记录，占各省级行政区累加和的10.1%，位居全国首位；江苏和浙江民用无人机飞行数量分别为23.9万架和20.8万架，占全国累加和的8.1%和7.1%，分列第二、三位。详见表4.3、图4.9。

059

表4.3 2023年第二季度各省级行政区民用无人机飞行数量统计表

排名	省级行政区	飞行数量/架	排名较2022年变化
1	广东	296560	不变
2	江苏	239048	不变
3	浙江	208262	不变
4	山东	178766	不变
5	四川	168992	不变
6	河南	138653	不变
7	安徽	128338	↑1
8	湖北	112255	↓1
9	河北	109204	↑1
10	广西	107225	↓1
11	湖南	105072	不变
12	新疆	104003	↑4
13	云南	91283	↓1
14	福建	88207	不变
15	江西	77326	↑5
16	陕西	77254	↓3
17	黑龙江	72390	↓2
18	辽宁	69794	不变
19	贵州	67017	↑2
20	上海	63728	↓3
21	内蒙古	60678	↑1
22	重庆	58185	↓3
23	山西	54059	不变
24	甘肃	51344	↑1
25	天津	38589	↓1
26	吉林	36542	↑1
27	青海	34143	↑3
28	海南	31401	不变
29	西藏	28829	不变
30	北京	22498	↓4
31	宁夏	17060	不变

4 第二季度民用无人机运行情况统计

图4.9 2022—2023年第二季度各省级行政区民用无人机飞行数量统计图

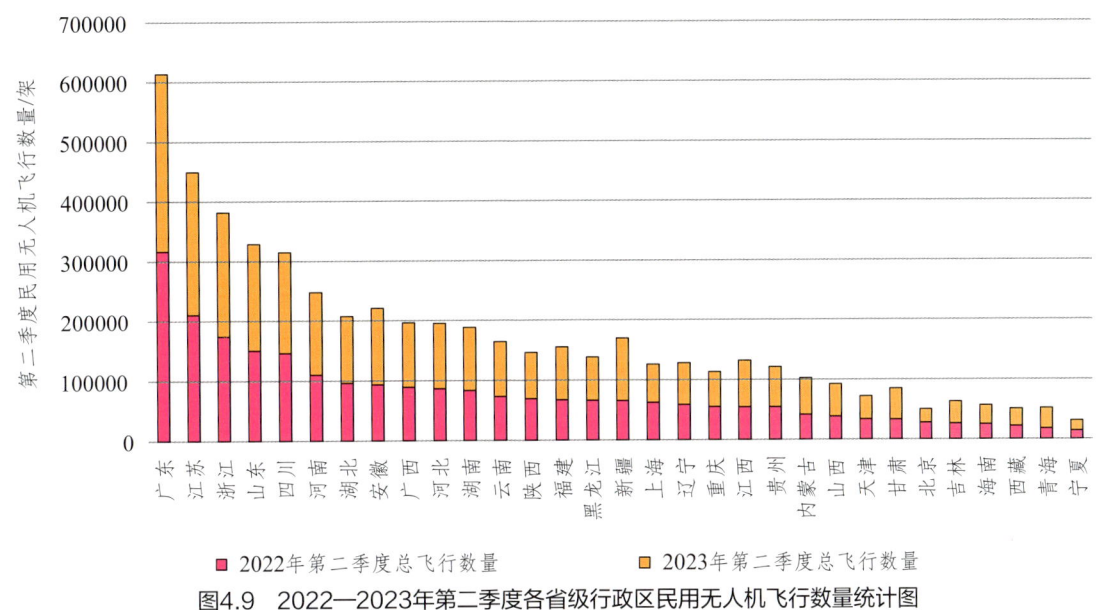

4.4 飞行时长

2023年第二季度，飞行时长在5 min以下的民用无人机飞行架次共计4754.4万架次，占本季度总飞行架次的62.1%，占比较2022年减少1.8%；飞行时长在5 min（含）~10 min的民用无人机飞行架次共计2371.8万架次，占本季度总飞行架次的31.0%，占比较2022年增长3.5%；飞行时长在10 min及以上的民用无人机飞行架次共计530.8万架次，占本季度总飞行架次的6.9%，占比较2022年减少1.7%。详见图4.10。

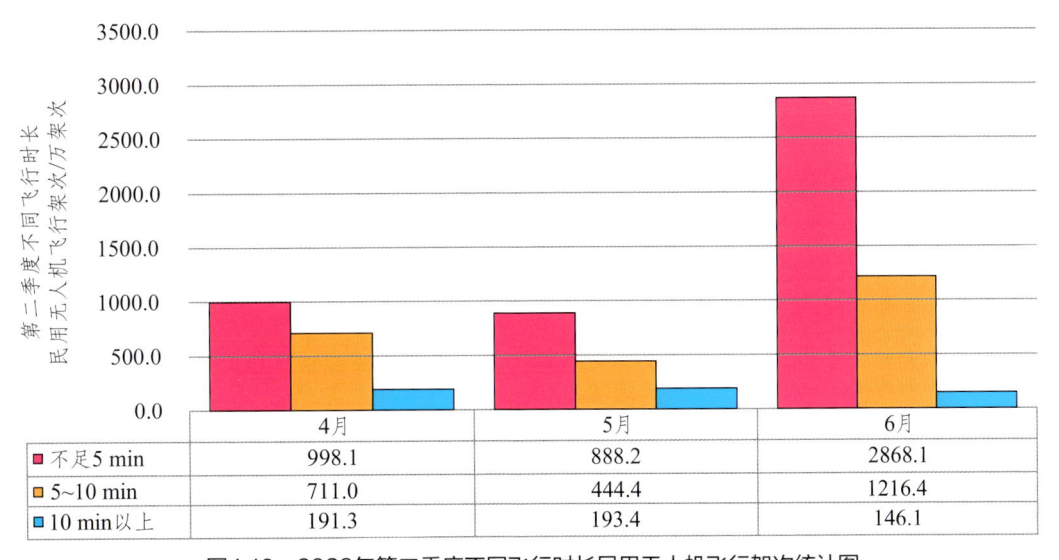

	4月	5月	6月
不足5 min	998.1	888.2	2868.1
5~10 min	711.0	444.4	1216.4
10 min以上	191.3	193.4	146.1

图4.10 2023年第二季度不同飞行时长民用无人机飞行架次统计图

061

4.5 飞行高度

2023年第二季度，飞行高度在30 m以下的民用无人机飞行架次共计6213.5万架次，占本季度总飞行架次的81.1%，占比较2022年减少0.1%；飞行高度在30 m（含）~120 m的民用无人机飞行架次共计860.4万架次，占本季度总飞行架次的11.2%，占比较2022年减少0.2%；飞行高度在120 m（含）~300 m的民用无人机飞行架次共计402.3万架次，占本季度总飞行架次的5.3%，占比较2022年减少0.2%；飞行高度在300 m及以上的民用无人机飞行架次共计180.8万架次，占本季度总飞行架次的2.4%，占比较2022年增长0.4%。详见图4.11。

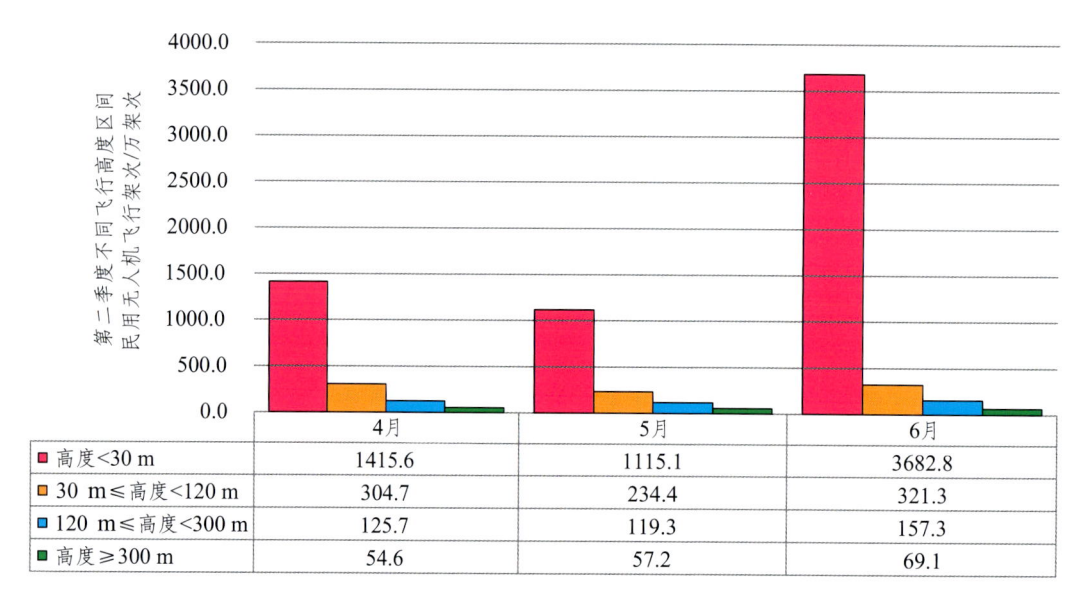

第二季度不同飞行高度区间民用无人机飞行架次/万架次	4月	5月	6月
高度<30 m	1415.6	1115.1	3682.8
30 m≤高度<120 m	304.7	234.4	321.3
120 m≤高度<300 m	125.7	119.3	157.3
高度≥300 m	54.6	57.2	69.1

图4.11 2023年第二季度不同飞行高度区间民用无人机飞行架次统计图

4.6 分布热力图

图4.12至图4.14分别对2023年第二季度飞行高度120 m以下、120 m（含）~300 m、300 m及以上的民用无人机运行区域分布进行直观呈现。

4 第二季度民用无人机运行情况统计

2023年第二季度无人机运行区域
热力图（120 m以下）
- 200万以下
- 200万~300万
- 300万~400万
- 400万~500万
- 500万以上

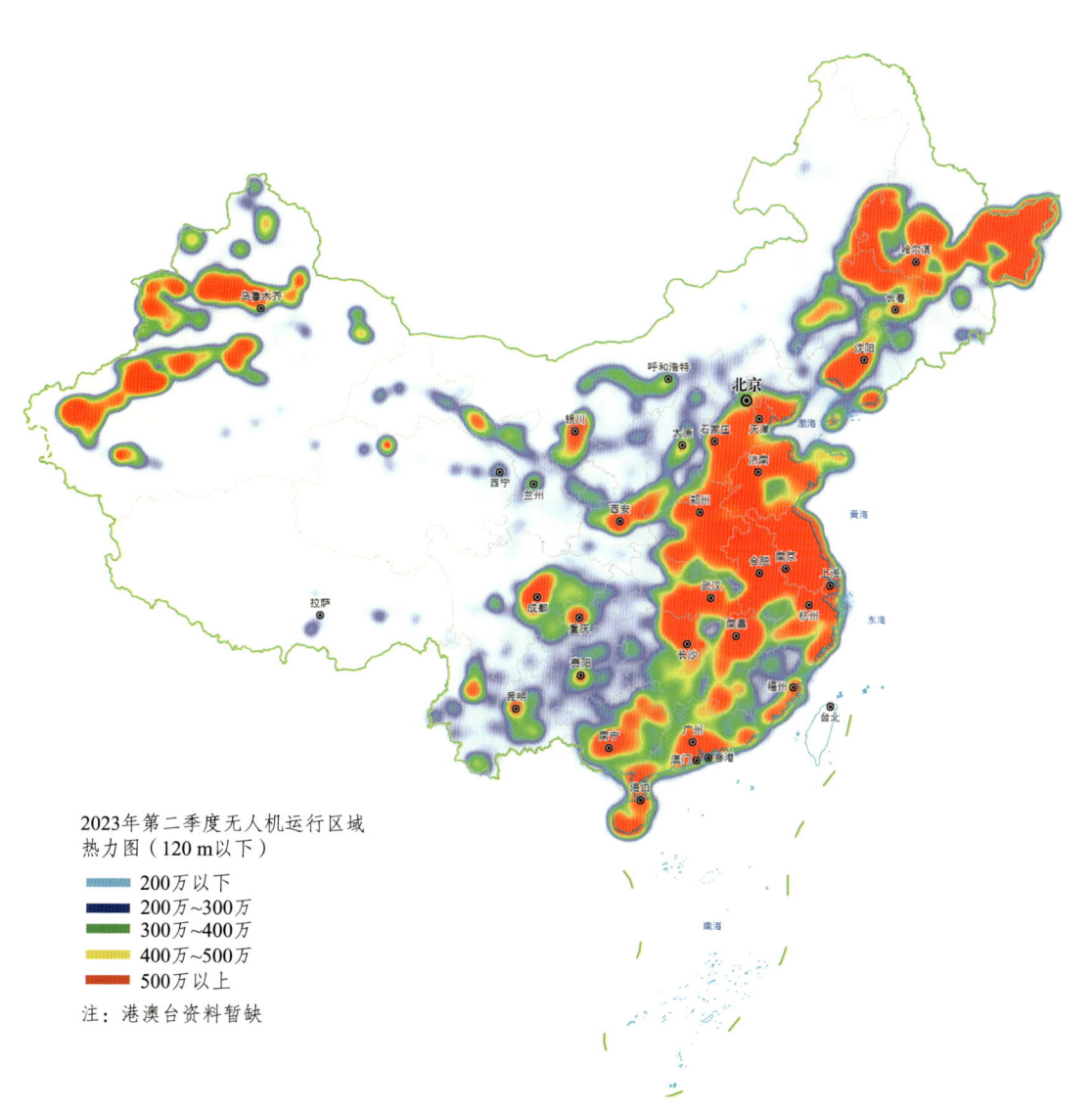

注：港澳台资料暂缺

图4.12　2023年第二季度全国民用无人机飞行分布热力图（120 m以下，不含120 m）

图4.13 2023年第二季度全国民用无人机飞行分布热力图（120～300 m，含120 m）

4 第二季度民用无人机运行情况统计

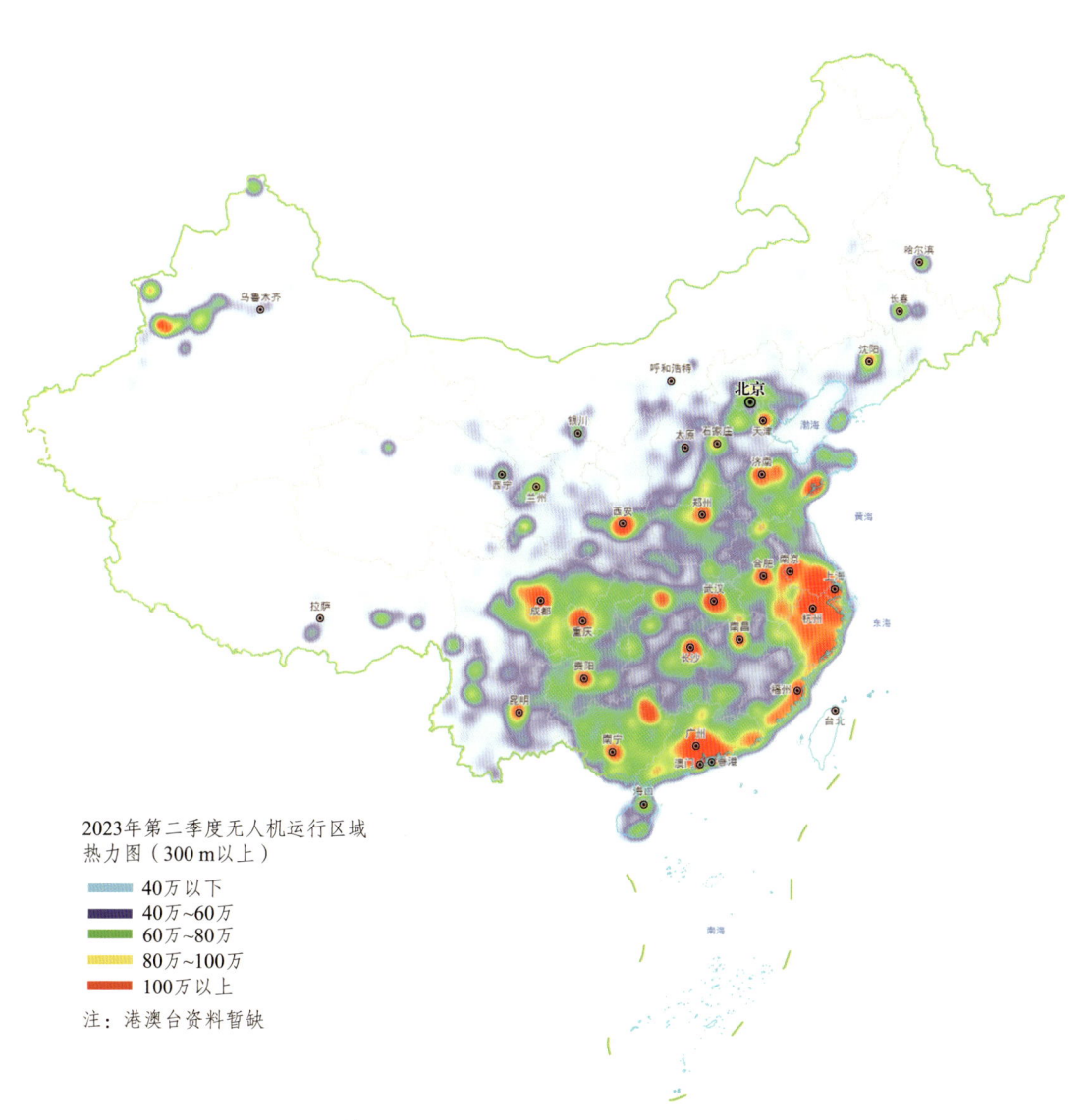

图4.14 2023年第二季度全国民用无人机飞行分布热力图（300 m及以上）

5

第三季度
民用无人机
运行情况统计

5.1 飞行架次

2023年第三季度，全国民用无人机总飞行架次为11195.6万架次，日均飞行架次为121.7万架次，比2022年增长25.3%。第三季度民用无人机活动高峰期为7月份，达4729.3万架次，日均飞行架次152.6万架次，比2022年高峰月份（7月）增加15.6%。详见图5.1。

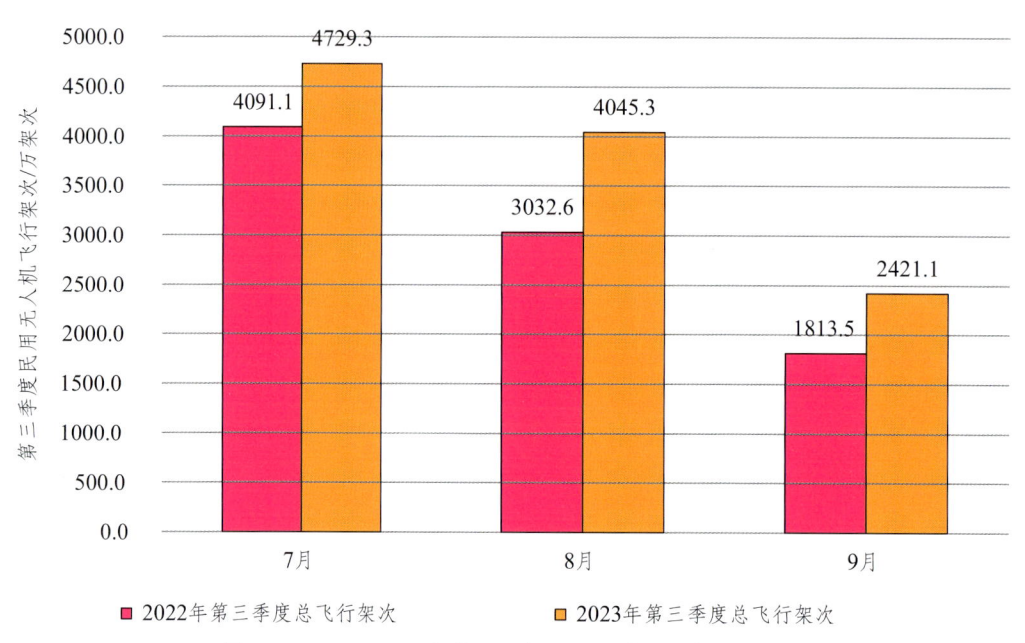

图5.1　2022—2023年第三季度民用无人机飞行架次统计图

从全国四大区域分布来看，东部地区民用无人机飞行架次为4009.8万架次，比2022年增长16.7%；中部地区2620.7万架次，比2022年增长44.6%；西部地区3058.7万架次，比2022年增长25.0%；东北地区1506.5万架次，比2022年增长21.2%。详见图5.2。

从中国民航七大地区分布来看，华北地区民用无人机飞行架次为1021.0万架次，比2022年增长36.2%；东北地区1506.5万架次，比2022年增长21.2%；中南地区1894.6万架次，比2022年增长19.2%；华东地区4425.1万架次，比2022年增长29.7%；西南地区551.2万架次，比2022年增长2.8%；西北地区414.8万架次，比2022年增长33.0%；新疆地区1382.5万架次，比2022年增长26.2%。详见图5.3。

图5.2 2022—2023年第三季度全国四大区域民用无人机飞行架次统计图

图5.3 2022—2023年第三季度中国民航七大地区民用无人机飞行架次统计图

从省级行政区分布来看，江苏民用无人机飞行架次为1912.4万架次，占第三季度全国总飞行架次的17.1%，位居全国首位，排名较2022年该季度不变；新疆民用无人机飞行架次为1382.5万架次，占第三季度全国总飞行架次的12.3%，排名较2022年该季度不变；黑龙江民用无人机飞行架次为1047.4万架次，占第三季度全国总飞行架次的9.4%，排名较2022年该季度不变。详见表5.1、图5.4。

表5.1　2023年第三季度各省级行政区民用无人机飞行架次统计表

排名	省级行政区	飞行架次/万架次	排名较2022年变化
1	江苏	1912.4	不变
2	新疆	1382.5	不变
3	黑龙江	1047.4	不变
4	安徽	930.3	不变
5	山东	531.1	↑1
6	湖北	436.9	↑2
7	江西	421.1	↑3
8	内蒙古	418.5	↑4
9	浙江	417.6	↓2
10	广东	387.5	↓5
11	河北	378.4	↓2
12	河南	366.9	↓1
13	湖南	330.8	不变
14	广西	291.7	不变
15	辽宁	251.9	↑1
16	吉林	207.2	↑1
17	四川	191.4	↓2
18	云南	186.0	不变
19	甘肃	149.4	↑4
20	山西	134.7	↑2
21	陕西	112.8	↓1
22	福建	107.7	↓3
23	上海	104.9	↓2
24	宁夏	88.4	↑2
25	贵州	87.4	↓1
26	海南	80.8	↑1
27	天津	75.8	↓2
28	青海	64.2	↑1
29	重庆	52.5	↓1
30	西藏	33.8	不变
31	北京	13.6	不变

图5.4 2023年第三季度各省级行政区民用无人机飞行架次分布图

5.2 飞行小时

2023年第三季度，全国民用无人机总飞行小时为966.5万小时，比2022年增长15.8%，月均飞行小时322.2万小时，日均飞行小时10.5万小时。民用无人机活动高峰期为7月份，达370.5万小时，比2022年高峰月份（7月）增长约4.0%，7月日均飞行小时为12.0万小时。详见图5.5。

图5.5 2022—2023年第三季度民用无人机飞行小时统计图

从全国四大区域分布来看，东部地区民用无人机飞行小时为304.4万小时，比2022年增长5.3%；中部地区211.0万小时，比2022年增长32.2%；西部地区311.3万小时，比2022年增长约16.4%；东北地区139.8万小时，比2022年增长17.7%。详见图5.6。

图5.6 2022—2023年第三季度全国四大区域民用无人机飞行小时统计图

从中国民航七大地区分布来看，华北地区民用无人机飞行小时为99.7万小时，比2022年增长33.2%；东北地区139.8万小时，比2022年增长17.7%；中南地区176.5万小时，比2022年增长7.3%；华东地区312.5万小时，比2022年增长17.4%；西南地区61.3万小时，比2022年减少约3.5%；西北地区42.2万小时，比2022年增长25.6%；新疆地区134.5万小时，比2022年增长18.5%。详见图5.7。

图5.7 2022—2023年第三季度中国民航七大地区民用无人机飞行小时统计图

从省级行政区分布来看，新疆民用无人机总飞行小时为134.5万小时，占第三季度全国总飞行小时的13.9%，位居全国首位，排名较2022年该季度不变；江苏民用无人机总飞行小时为109.4小时，占第三季度全国总飞行小时的11.3%，位居全国第二，排名较2022年该季度不变；黑龙江民用无人机总飞行小时为94.8万小时，占第三季度全国总飞行小时的9.8%，位居全国第三，排名较2022年该季度不变。详见表5.2、图5.8。

表5.2 2023年第三季度各省级行政区民用无人机飞行小时统计表

排名	省级行政区	飞行小时/万小时	排名较2022年变化
1	新疆	134.5	不变
2	江苏	109.4	不变
3	黑龙江	94.8	不变
4	安徽	63.7	↑1
5	山东	49.6	↑1
6	内蒙古	43.2	↑2
7	广东	40.7	↓3
8	江西	36.3	↑5
9	河北	35.7	↑2
10	湖北	35.1	↑2
11	河南	34.0	↓1
12	浙江	32.3	↓5
13	广西	30.0	↓4
14	湖南	29.0	不变
15	辽宁	25.5	↑1
16	四川	21.0	↓1
17	吉林	19.5	↑1
18	云南	18.7	↓1
19	甘肃	14.3	↑3
20	山西	13.0	↑3
21	福建	12.4	↓2
22	陕西	11.8	↓2
23	贵州	10.6	↓2
24	上海	8.8	不变
25	宁夏	8.7	↑4
26	海南	7.8	不变
27	青海	7.4	↑1
28	重庆	6.8	↓3
29	天津	6.1	↓2
30	西藏	4.2	不变
31	北京	1.7	不变

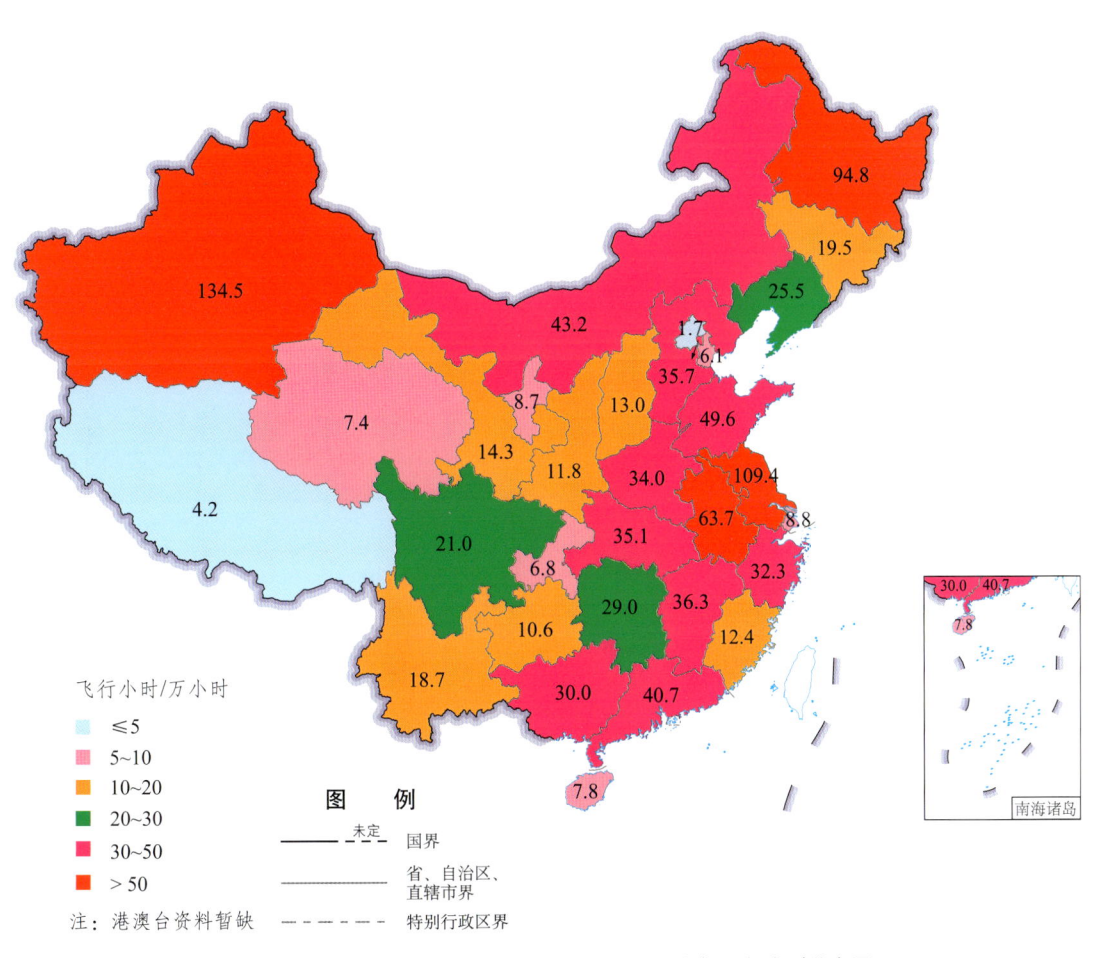

图5.8 2023年第三季度各省级行政区民用无人机飞行小时分布图

5.3 飞行数量

2023年第三季度，全国共计290.4万架不同产品序列号的民用无人机有过飞行记录，比2022年增长11.1%。由于同一架无人机可能在多地飞行，因此2023年第三季度各省级行政区数据累加和（约332.5万架）大于全国统计数值。广东约有32.9万架民用无人机有过飞行记录，占各省级行政区累加和的9.9%，位居全国首位；江苏和山东民用无人机飞行数量分别为24.4万架和19.2万架，占全国累加和的7.3%和5.8%，分列第二、三位。详见表5.3、图5.9。

表5.3　2023年第三季度各省级行政区民用无人机飞行数量统计表

排名	省级行政区	飞行数量/架	排名较2022年变化
1	广东	329245	不变
2	江苏	243525	不变
3	山东	191870	↑1
4	四川	186207	↑1
5	浙江	182215	↓2
6	新疆	155439	↑7
7	河南	139254	↓1
8	安徽	135258	↓1
9	湖北	122953	↑2
10	河北	122737	↓2
11	内蒙古	120635	↑4
12	广西	120410	↓2
13	湖南	114395	↓1
14	云南	110134	↓5
15	福建	92544	↓1
16	江西	85324	↑4
17	陕西	84667	不变
18	黑龙江	84366	↑1
19	辽宁	83311	↓3
20	贵州	82904	↓2
21	甘肃	81653	↑3
22	青海	70325	↑3
23	山西	63234	不变
24	上海	60831	↓3
25	重庆	59018	↓3
26	吉林	47956	不变
27	西藏	40786	↑2
28	天津	37225	↓1
29	海南	32779	↑1
30	宁夏	22926	↑1
31	北京	20186	↓3

5 第三季度民用无人机运行情况统计

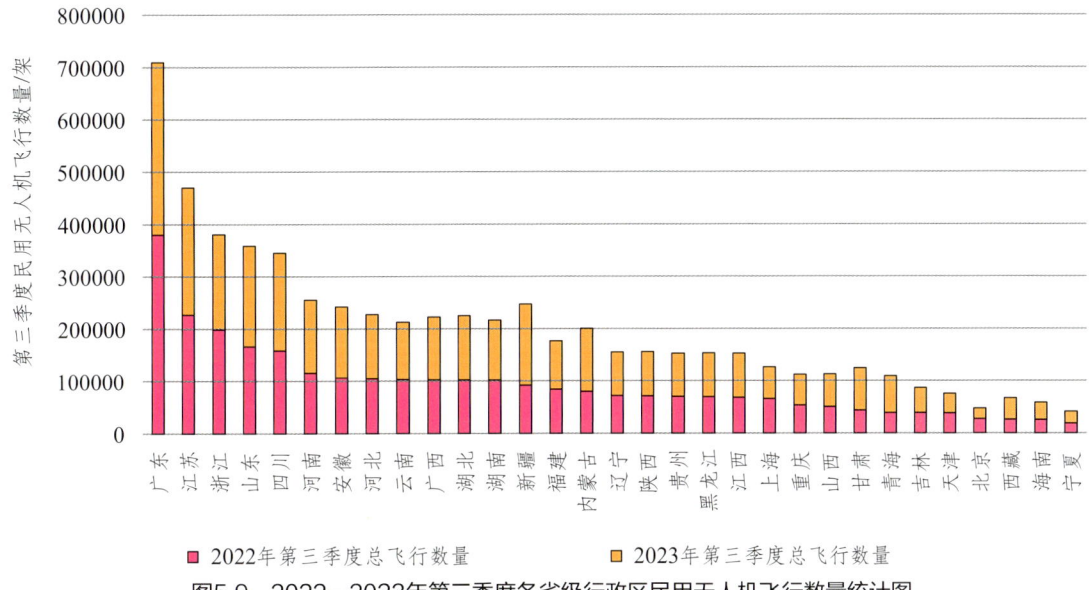

图5.9 2022—2023年第三季度各省级行政区民用无人机飞行数量统计图

5.4 飞行时长

2023年第三季度，飞行时长在5 min以下的民用无人机飞行架次共计6321.2万架次，占本季度总飞行架次的56.5%，占比较2022年增加6.5%；飞行时长在5 min（含）~10 min的民用无人机飞行架次共计4218.5万架次，占本季度总飞行架次的37.7%，占比较2022年减少1.7%；飞行时长在10 min及以上的民用无人机飞行架次共计656.1万架次，占本季度总飞行架次的5.9%，占比较2022年增长4.8%。详见图5.10。

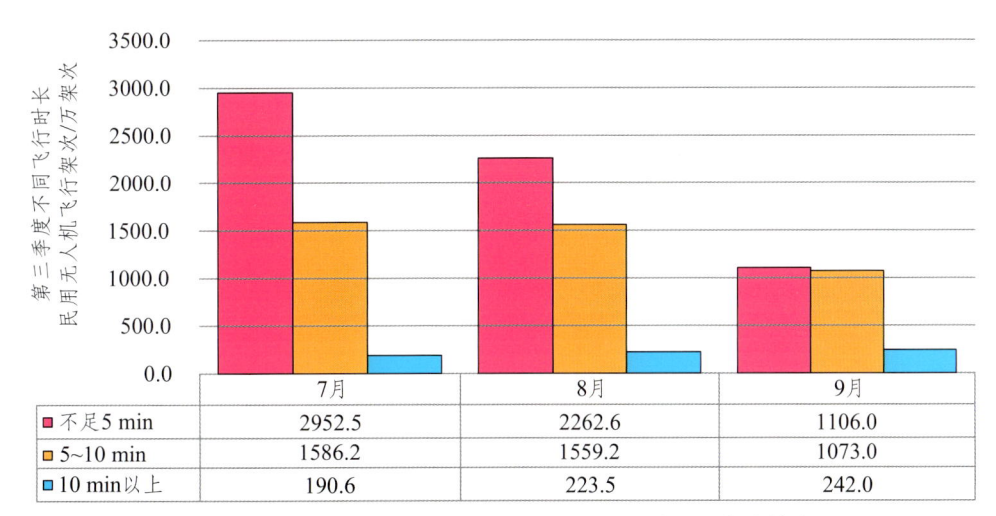

	7月	8月	9月
不足5 min	2952.5	2262.6	1106.0
5~10 min	1586.2	1559.2	1073.0
10 min以上	190.6	223.5	242.0

图5.10 2023年第三季度不同飞行时长民用无人机飞行架次统计图

077

5.5 飞行高度

2023年第三季度，飞行高度在30 m以下的民用无人机飞行架次共计9282.4万架次，占本季度总飞行架次的82.9%，占比较2022年增加7.1%；飞行高度在30 m（含）~120 m的民用无人机飞行架次共计1162.2万架次，占本季度总飞行架次的10.4%，占比较2022年减少4.1%；飞行高度在120 m（含）~300 m的民用无人机飞行架次共计539.1万架次，占本季度总飞行架次的4.8%，占比较2022年减少2.2%；飞行高度在300 m及以上的民用无人机飞行架次共计211.9万架次，占本季度总飞行架次的1.9%，占比较2022年减少0.8%。详见图5.11。

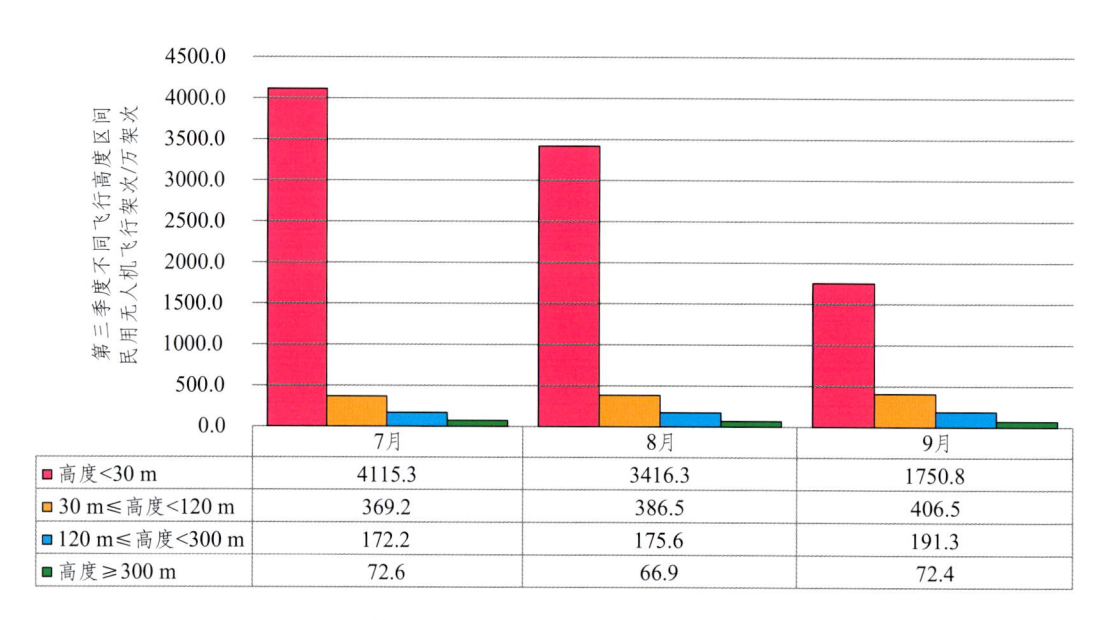

第三季度不同飞行高度区间民用无人机飞行架次/万架次	7月	8月	9月
高度<30 m	4115.3	3416.3	1750.8
30 m≤高度<120 m	369.2	386.5	406.5
120 m≤高度<300 m	172.2	175.6	191.3
高度≥300 m	72.6	66.9	72.4

图5.11　2023年第三季度不同飞行高度区间民用无人机飞行架次统计图

5.6 分布热力图

图5.12至图5.14分别对2023年第三季度飞行高度在120 m以下、120 m（含）~300 m、300 m及以上的民用无人机运行区域分布进行直观呈现。

5　第三季度民用无人机运行情况统计

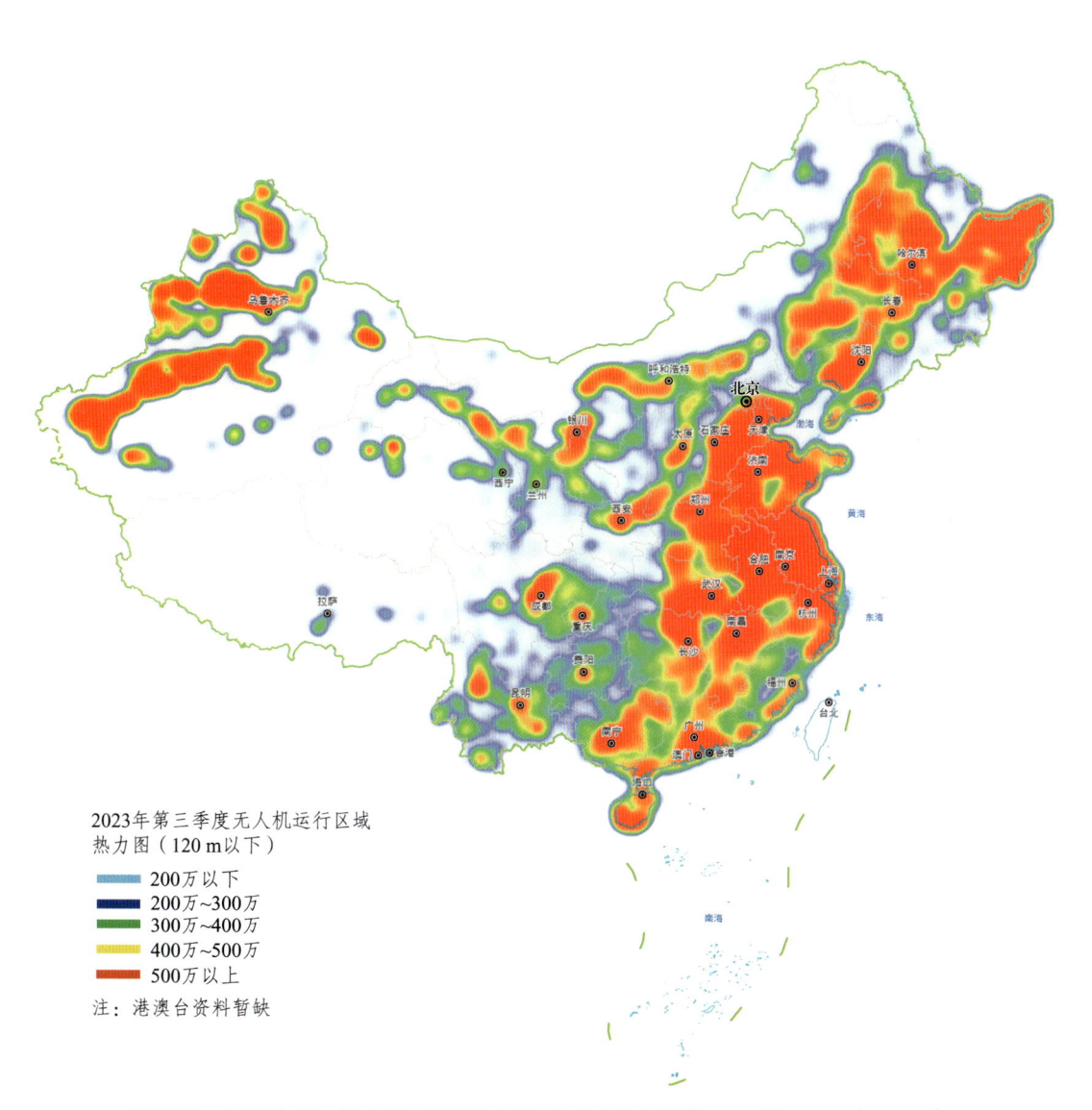

图5.12　2023年第三季度全国民用无人机飞行分布热力图（120 m以下，不含120 m）

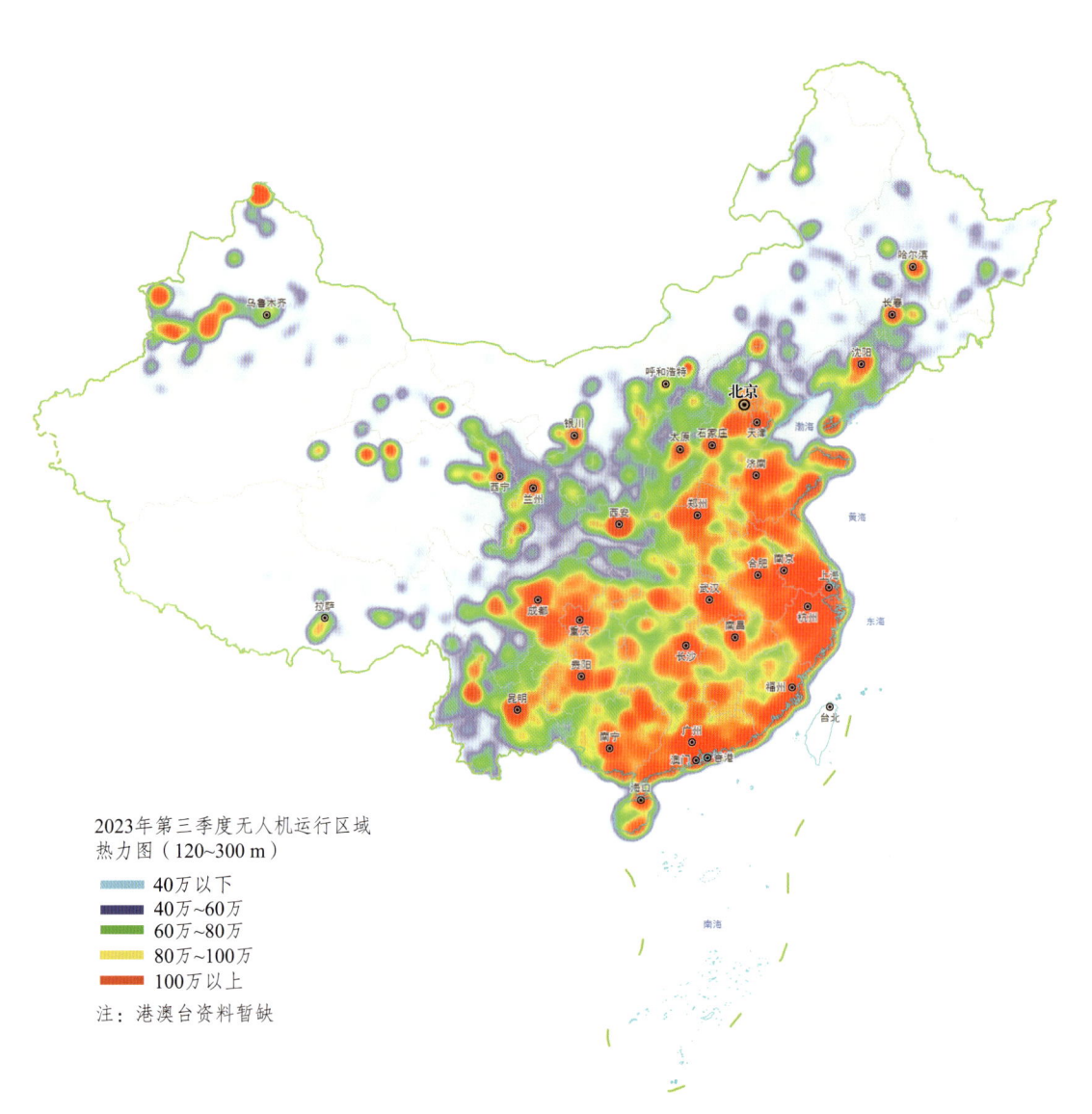

图5.13 2023年第三季度全国民用无人机飞行分布热力图（120～300 m，含120 m）

5 第三季度民用无人机运行情况统计

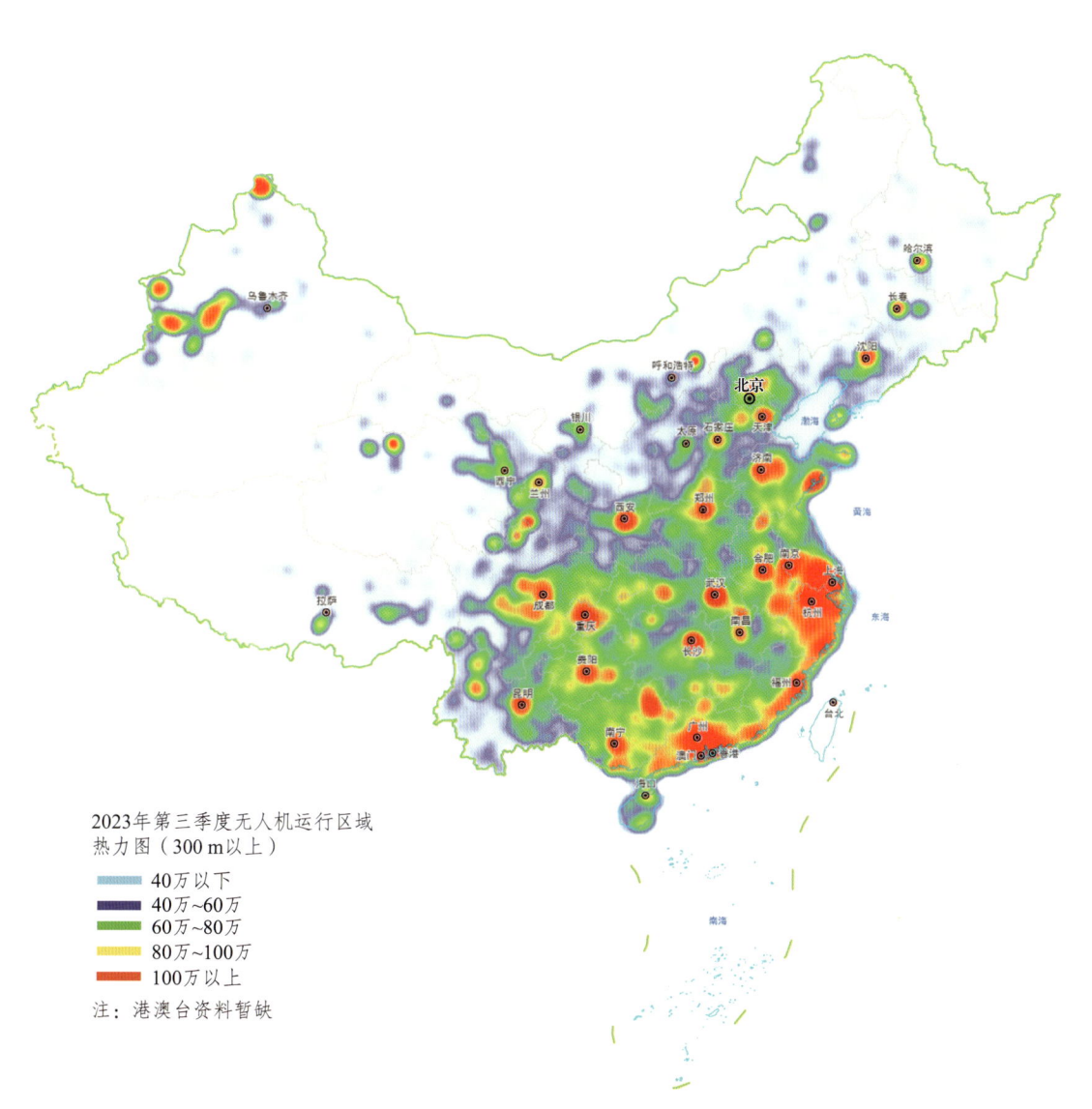

图5.14 2023年第三季度全国民用无人机飞行分布热力图（300 m及以上）

6 第四季度民用无人机运行情况统计

6.1 飞行架次

2023年第四季度，全国民用无人机总飞行架次为3637.9万架次，日均飞行架次为39.5万架次，比2022年增长40.4%。第四季度民用无人机活动高峰期为10月份，达1691.8万架次，日均飞行架次56.4万架次，比2022年高峰月份（10月）增加52.4%。详见图6.1。

图6.1　2022—2023年第四季度民用无人机飞行架次统计图

从全国四大区域分布来看，东部地区民用无人机飞行架次为1526.8万架次，比2022年增长约21.8%；中部地区862.7万架次，比2022年增长44.4%；西部地区1137.9万架次，比2022年增长71.9%；东北地区110.5万架次，比2022年增长41.7%。详见图6.2。

从中国民航七大地区分布来看，华北地区民用无人机飞行架次为227.4万架次，比2022年增长60.9%；东北地区110.5万架次，比2022年增长41.7%；中南地区1235.8万架次，比2022年增长40.7%；华东地区1234.1万架次，比2022年增长22.0%；西南地区482.2万架次，比2022年增长36.2%；西北地区159.5万架次，比2022年增长69.7%；新疆地区188.3万架次，比2022年增长451.0%。详见图6.3。

6 第四季度民用无人机运行情况统计

图6.2 2022—2023第四季度全国四大区域民用无人机飞行架次统计图

图6.3 2022—2023年第四季度中国民航七大地区民用无人机飞行架次统计图

从省级行政区分布来看，广东民用无人机飞行架次413.7架次，占第四季度全国总飞行架次的11.4%，位居全国首位，排名较2022年该季度不变；江苏民用无人机飞行架次为323.2万架次，占第四季度总飞行架次的8.9%，排名较2022年该季度不变；广西民用无人机飞行架次为261.9万架次，占第四季度总飞行架次的7.2%，排名较2022年该季度上升2位。详见表6.1、图6.4。

表6.1　2023年第四季度各省级行政区民用无人机飞行架次统计表

排名	省级行政区	飞行架次/万架次	排名较2022年变化
1	广东	413.7	不变
2	江苏	323.2	不变
3	广西	261.9	↑2
4	浙江	236.9	↓1
5	安徽	226.6	↓1
6	四川	189.5	不变
7	新疆	188.3	↑14
8	山东	170.4	↓1
9	湖北	151.5	不变
10	河南	150.1	↓2
11	云南	147.3	↓1
12	江西	142.1	不变
13	湖南	137.7	↓2
14	海南	120.9	不变
15	河北	97.1	不变
16	福建	96.3	↓3
17	贵州	79.8	↓1
18	陕西	69.8	↓1
19	山西	54.7	↑3
20	辽宁	52.2	不变
21	甘肃	48.1	↑3
22	重庆	47.4	↓4
23	内蒙古	46.0	不变
24	上海	38.6	↓5
25	黑龙江	30.0	↑1
26	吉林	28.3	↓1
27	青海	26.5	↑2
28	天津	19.6	↓1
29	西藏	18.3	↑2
30	宁夏	15.0	↓2
31	北京	10.1	↓1

6 第四季度民用无人机运行情况统计

图6.4 2023年第四季度各省级行政区民用无人机飞行架次分布图

6.2 飞行小时

2023年第四季度，全国民用无人机总飞行小时为376.2万小时，比2022年该季度增长44.5%，月均飞行小时125.4万小时，日均飞行小时4.1万小时。民用无人机活动高峰月份为10月份，达168.0万小时，比2022年高峰月份（10月）增长56.4%，10月日均飞行小时5.6万小时。详见图6.5。

图6.5　2022—2023年第四季度民用无人机飞行小时统计图

从全国四大区域分布来看，东部地区民用无人机飞行小时为155.5万小时，比2022年增长26.2%；中部地区84.1万小时，比2022年增长47.9%；西部地区123.6万小时，比2022年增长72.4%；东北地区12.9万小时，比2022年增长52.7%。详见图6.6。

图6.6　2022—2023年第四季度全国四大区域民用无人机飞行小时统计图

从中国民航七大地区分布来看，华北地区民用无人机飞行小时为26.7万小时，比2022年增长76.2%；东北地区12.9万小时，比2022年增长52.7%；中南地区127.4万小时，比2022年增长39.2%；华东地区118.2万小时，比2022年增长26.9%；西南地区53.1万小时，比2022年增长39.4%；西北地区18.3万小时，比2022年增长74.6%；新疆地区19.5万小时，比2022年增长465.8%。详见图6.7。

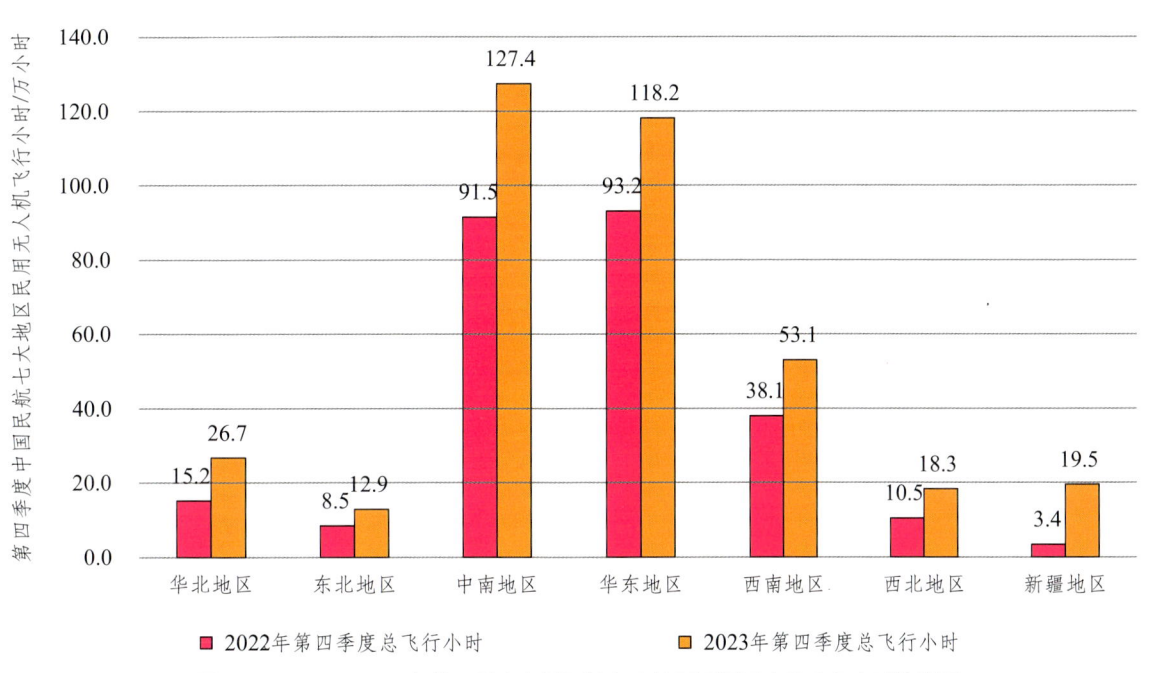

图6.7　2022—2023年第四季度中国民航七大地区民用无人机飞行小时统计图

从省级行政区分布来看，广东民用无人机总飞行小时为44.6万小时，占第四季度全国总飞行小时的11.9%，位居全国首位，排名较2022年该季度不变；江苏民用无人机总飞行小时为28.0万小时，占第四季度全国总飞行小时的7.4%，位居全国第二，排名较2022年该季度不变；广西民用无人机总飞行小时为27.0万小时，占第四季度全国总飞行小时的7.2%，位居全国第三，排名较2022年该季度上升1位。详见表6.2、图6.8。

表6.2 2023年第四季度各省级行政区民用无人机飞行小时统计表

排名	省级行政区	飞行小时/万小时	排名较2022年变化
1	广东	44.6	不变
2	江苏	28.0	不变
3	广西	27.0	↑1
4	浙江	22.7	↓1
5	四川	19.5	↑1
6	新疆	19.5	↑15
7	山东	18.8	↓2
8	安徽	17.9	↓1
9	云南	15.7	不变
10	湖北	15.7	不变
11	河南	15.0	↓3
12	湖南	14.7	↓1
13	江西	14.6	不变
14	福建	11.5	↓2
15	河北	11.0	不变
16	海南	10.5	↓2
17	贵州	9.4	↓1
18	陕西	8.1	↓1
19	山西	6.4	↑3
20	重庆	6.2	↓2
21	辽宁	5.9	↓1
22	内蒙古	5.7	↑2
23	甘肃	5.3	不变
24	上海	4.8	↓5
25	黑龙江	3.8	不变
26	吉林	3.2	不变
27	青海	3.0	↑1
28	西藏	2.3	↑3
29	天津	2.2	↓2
30	宁夏	1.9	↓1
31	北京	1.4	↓1

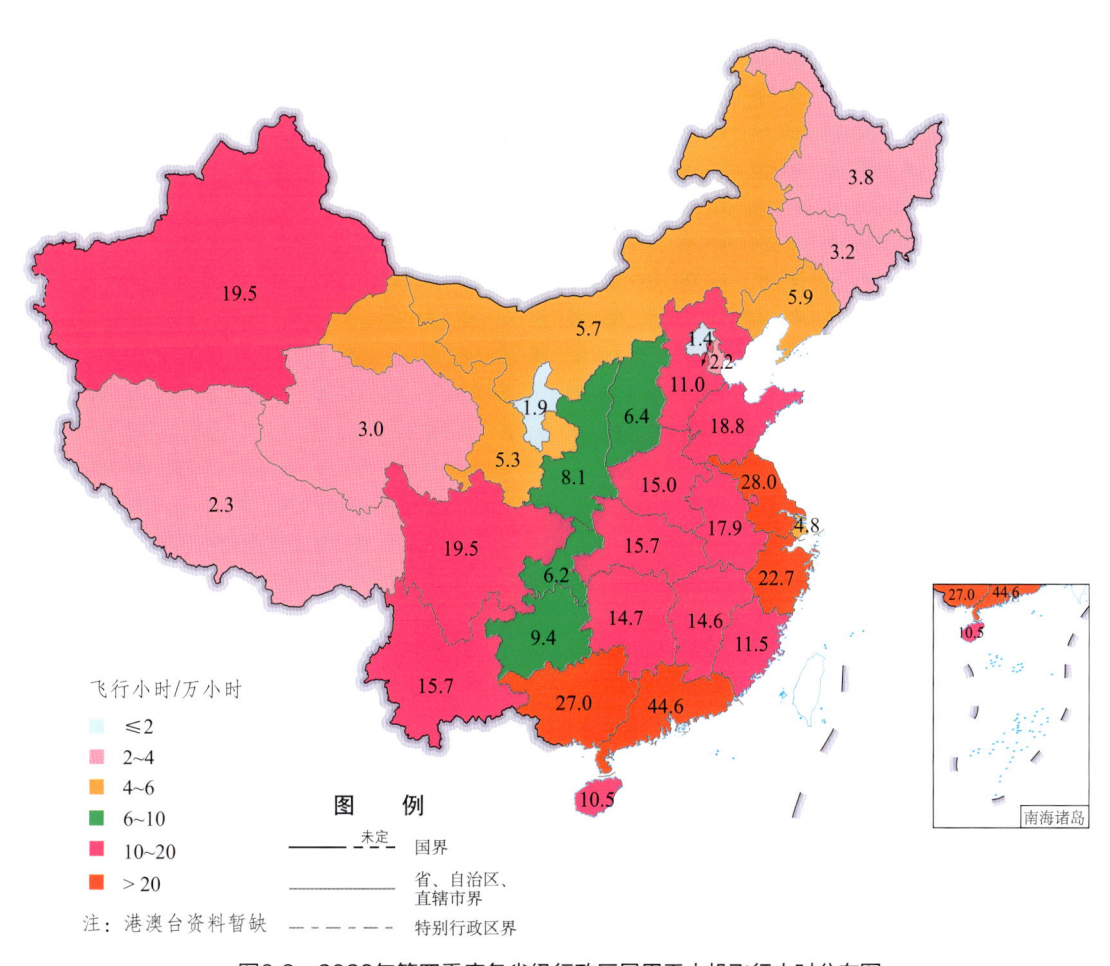

图6.8　2023年第四季度各省级行政区民用无人机飞行小时分布图

6.3 飞行数量

2023年第四季度，全国共计241.1万架不同的民用无人机有过飞行记录，比2022年增长21.3%。同一架无人机可能在多地飞行，因此2023年第四季度各省级行政区数据累加和（约262.8万架）大于全国统计数值。广东约有33.3万架民用无人机有过飞行记录，占各省级行政区累加和的12.7%，位居全国首位；江苏和浙江民用无人机飞行数量分别为21.6万架和17.8万架，占全国累加和的8.2%和6.8%，分列第二、三位。详见表6.3、图6.9。

表6.3 2023年第四季度各省级行政区民用无人机飞行数量统计表

排名	省级行政区	飞行数量/架	排名较2022年变化
1	广东	332665	不变
2	江苏	215580	不变
3	浙江	178532	不变
4	四川	160628	不变
5	山东	144453	不变
6	河南	121109	不变
7	广西	120304	不变
8	安徽	114870	不变
9	湖北	108233	不变
10	湖南	101963	不变
11	云南	95624	不变
12	河北	89058	↑1
13	福建	88955	↓1
14	江西	78606	不变
15	陕西	70184	不变
16	新疆	63285	↑11
17	贵州	61996	不变
18	重庆	54649	不变
19	辽宁	51940	不变
20	上海	47970	↓4
21	山西	46573	↓1
22	内蒙古	46456	↑1
23	甘肃	39209	↑2
24	海南	34836	↓2
25	黑龙江	32677	↓1
26	天津	29080	↓5
27	吉林	28438	↓1
28	青海	22788	↑1
29	西藏	18117	↑2
30	北京	16251	↓2
31	宁夏	12516	↓1

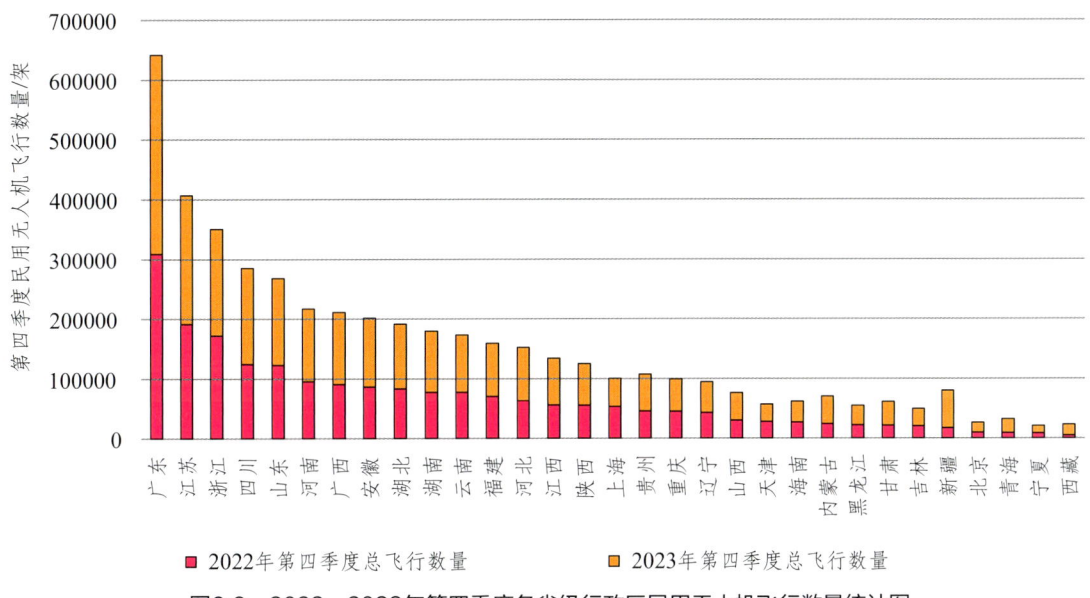

图6.9 2022—2023年第四季度各省级行政区民用无人机飞行数量统计图

6.4 飞行时长

2023年第四季度，飞行时长在5 min以下的民用无人机飞行架次共计2135.3万架次，占本季度总飞行架次的58.7%，占比较2022年减少0.1%；飞行时长在5 min（含）~10 min的民用无人机飞行架次共计954.8万架次，占本季度总飞行架次的26.2%，占比较2022年增长3.4%；飞行时长在10 min及以上的民用无人机飞行架次共计547.8万架次，占本季度总飞行架次的15.1%，占比较2022年减少3.3%。详见图6.10。

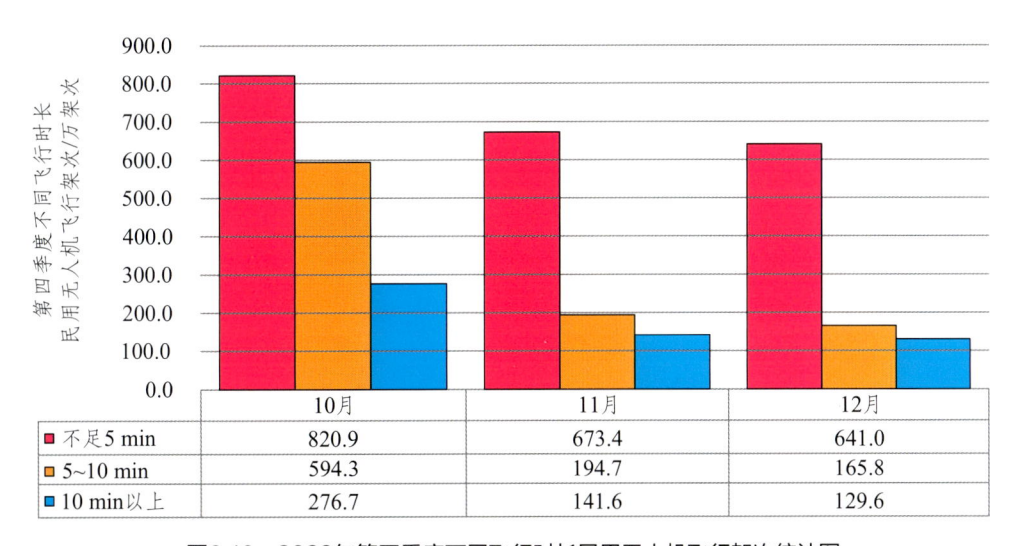

	10月	11月	12月
不足5 min	820.9	673.4	641.0
5~10 min	594.3	194.7	165.8
10 min以上	276.7	141.6	129.6

图6.10 2023年第四季度不同飞行时长民用无人机飞行架次统计图

093

6.5 飞行高度

2023年第四季度，飞行高度在30 m以下的民用无人机飞行架次共计1914.6万架次，占本季度总飞行架次的52.6%，占比较2022年增长5.3%；飞行高度在30 m（含）～120 m的民用无人机飞行架次共计1028.1万架次，占本季度总飞行架次的28.3%，占比较2022年减少3.8%；飞行高度在120 m（含）～300 m的民用无人机飞行架次共计495.1万架次，占本季度总飞行架次的13.6%，占比较2022年减少1.9%；飞行高度在300 m及以上的民用无人机飞行架次共计200.2万架次，占本季度总飞行架次的5.5%，占比较2022年增长0.4%。详见图6.11。

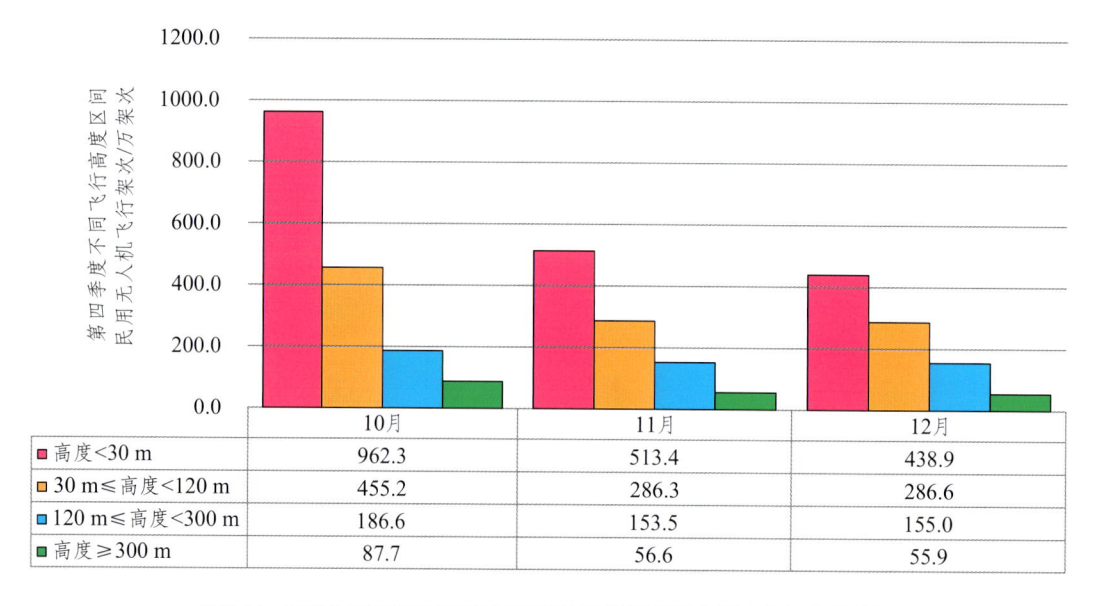

第四季度不同飞行高度区间	10月	11月	12月
高度<30 m	962.3	513.4	438.9
30 m≤高度<120 m	455.2	286.3	286.6
120 m≤高度<300 m	186.6	153.5	155.0
高度≥300 m	87.7	56.6	55.9

图6.11　2023年第四季度不同飞行高度区间民用无人机飞行架次统计图

6.6 分布热力图

图6.12至图6.14分别对2023年第四季度飞行高度在120 m以下、120 m（含）～300 m、300 m及以上的民用无人机运行区域分布进行直观呈现。

6 第四季度民用无人机运行情况统计

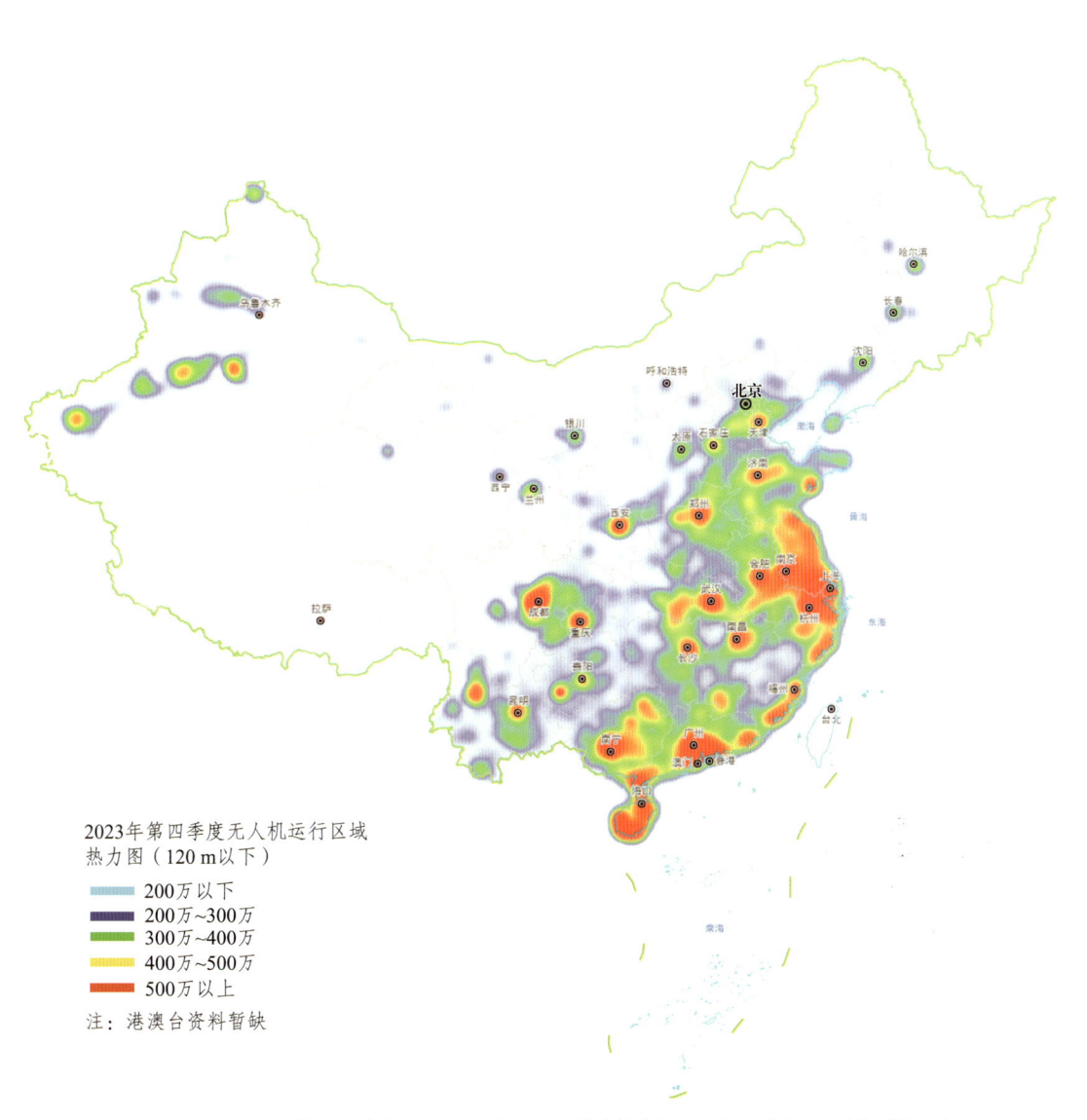

图6.12 2023年第四季度全国民用无人机飞行分布热力图（120 m以下，不含120 m）

图6.13　2023年第四季度全国民用无人机飞行分布热力图（120～300 m，含120 m）

6 第四季度民用无人机运行情况统计

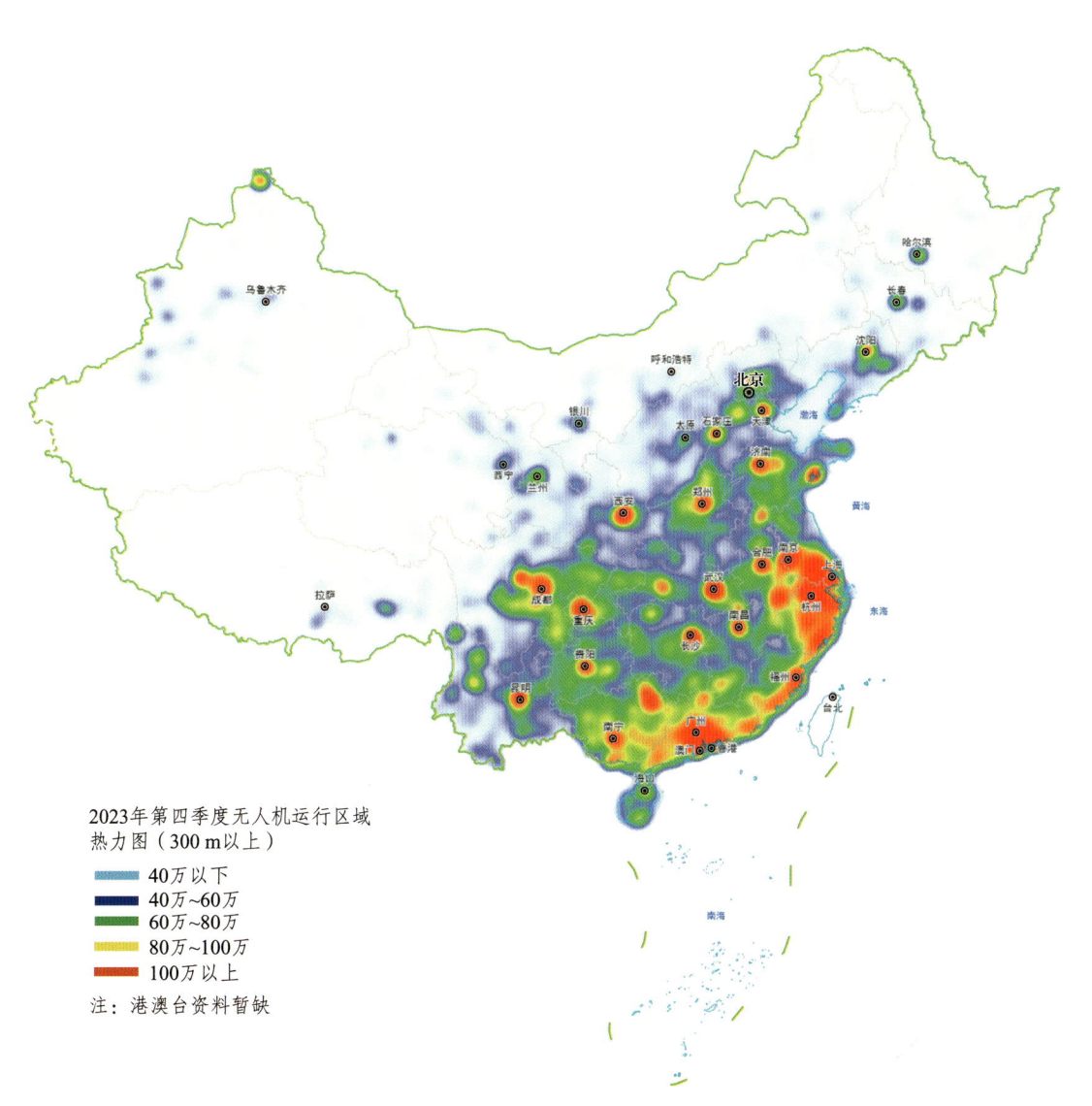

2023年第四季度无人机运行区域热力图（300 m以上）
- 40万以下
- 40万~60万
- 60万~80万
- 80万~100万
- 100万以上

注：港澳台资料暂缺

图6.14 2023年第四季度全国民用无人机飞行分布热力图（300 m及以上）

7 深圳、海南民用无人机综合管理试点情况

2018年11月19日，深圳地区民用无人机飞行管理试点启动，深圳综合监管平台上线试运行。2020年5月1日，《海南省民用无人机管理办法（暂行）》正式实施，海南省民用无人机综合管理试点启动，海南综合监管平台上线运行。UTMISS作为两地民用无人机综合监管平台的统一社会门户和信息枢纽，向社会提供适飞空域查询和在线一站式飞行申请服务。

通过两地试点，基本建立起一套成熟可复制的"军民地"三方无人机联合管理服务体系，实现了三方系统数据互联互通，验证了相关综合管理系统，为管理部门进行行业监管提供了技术保障。试点充分激发并保障了物流、电力巡检、河道巡查、海岸巡查、城市管理、农林作业、新闻报道、个人娱乐等丰富多样的飞行需求，极大提升了人民群众的飞行体验。本章对深圳、海南试点区域的民用无人机飞行数据进行统计。

7.1 飞行架次

2023年，深圳民用无人机总飞行架次为153.0万架次，比2022年减少23.8%，日均飞行架次4192架次。海南民用无人机飞行架次为354.7万架次，比2022年减少6.9%，日均飞行架次9717架次。详见图7.1、图7.2。

图7.1 2022—2023年深圳民用无人机飞行架次统计图

图7.2　2022—2023年海南民用无人机飞行架次统计图

7.2　飞行小时

2023年，深圳民用无人机总飞行小时为17.7万小时，比2022年减少15.7%，日均飞行小时483.6小时。海南民用无人机飞行小时为34.2万小时，比2022年增长9.3%，日均飞行小时为935.6小时。详见图7.3、图7.4。

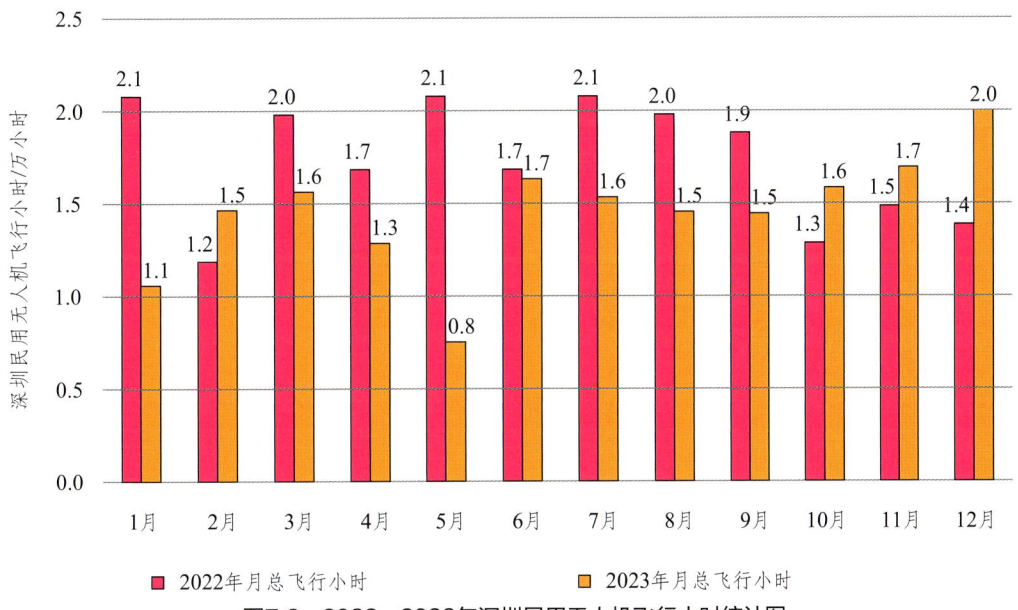

图7.3　2022—2023年深圳民用无人机飞行小时统计图

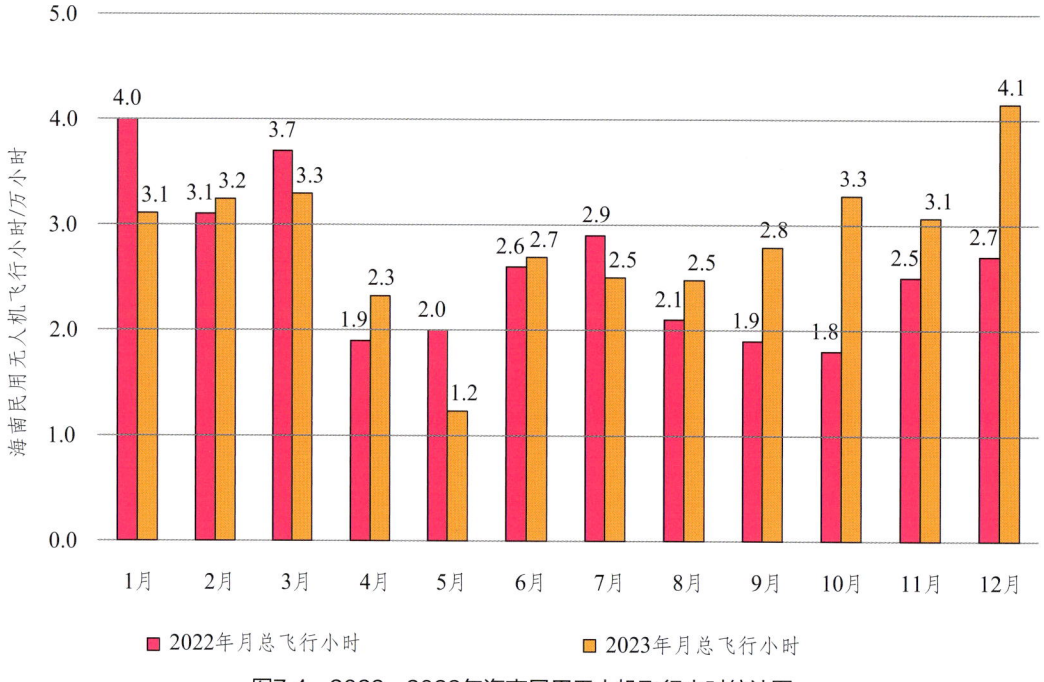

图7.4　2022—2023年海南民用无人机飞行小时统计图

7.3　飞行任务

2023年，深圳民用无人机公共用途类申请数量最多，占比约47.8%，占比较2022年增加46.0%；商业用途类申请占比约41.6%，占比较2022年增长15.2%；个人娱乐类申请占比约10.7%，占比较2022年减少61.1%。详见图7.5。

2023年，海南民用无人机商业用途类申请数量最多，占比约59.4%，占比较2022年增加19.0%；个人娱乐类申请占比约25.4%，占比较2022年减少18.2%；公共用途类申请占比约15.2%，占比较2022年减少0.8%。详见图7.6。

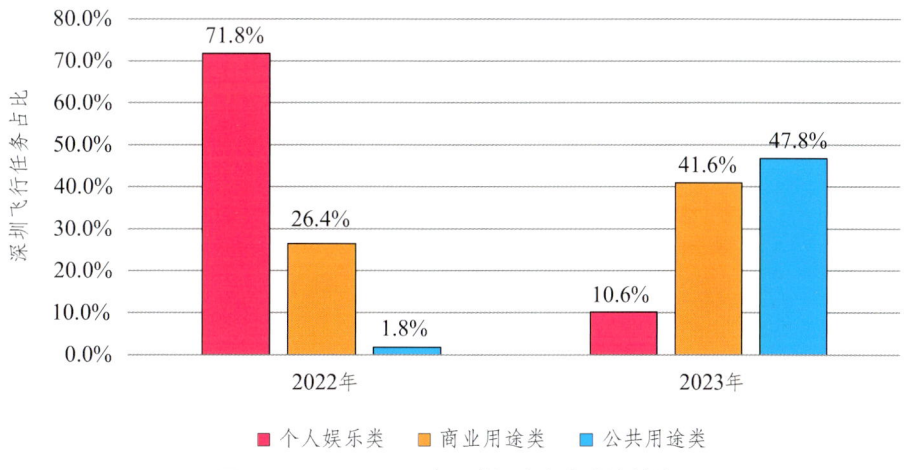

图7.5 2022—2023年深圳飞行任务占比统计图

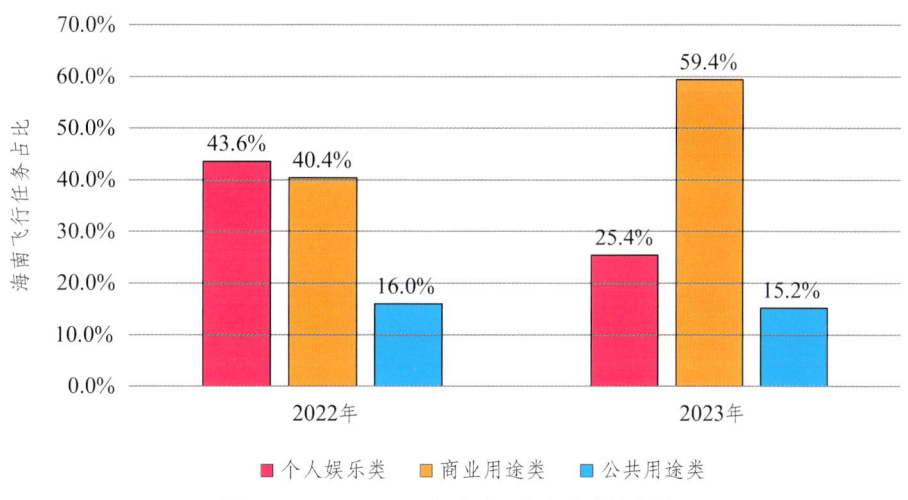

图7.6 2022—2023年海南飞行任务占比统计图

7.4 年度对比

与2022年相比，深圳、海南试点区域2023年民用无人机飞行架次分别减少47.8万架次、26.2万架次，增幅分别为－23.8%和－6.9%；飞行小时分别减少3.3万小时、增加2.8万小时，增幅分别为－15.7%和9.3%。深圳个人娱乐类申请数占比降低至10.6%，商业用途类申请数占比增加至41.6%，公共用途类申请数占比增加至47.8%；海南个人娱乐类申请数占比降低至25.4%，商业用途类申请数占比增加至59.4%，公共用途类申请数占比减少至15.2%。详见表7.1。

表7.1 2022年与2023年深圳、海南试点地区民用无人机统计指标对比

试点地区	指标		2022年	2023年	同比增加
深圳	飞行架次/万架次		200.8	153.0	−47.8（−23.8%）
	飞行小时/万小时		21.0	17.7	−3.3（−15.7%）
	飞行任务占比/%	个人娱乐类	71.8	10.6	−61.2%
		商业用途类	26.4	41.6	15.2%
		公共用途类	1.8	47.8	46.0%
海南	飞行架次/万架次		380.9	354.7	−26.2（−6.9%）
	飞行小时/万小时		31.3	34.2	2.9（9.3%）
	飞行任务占比/%	个人娱乐类	43.6	25.4	−18.2%
		商业用途类	40.4	59.4	19.0%
		公共用途类	16.0	15.2	−0.8%

8 总结

本书对2023年1月1日至2023年12月31日UTMISS采集到的中国境内民用无人机各类数据进行了统计，情况总结如下：

1. 数据接入情况

截至2023年12月31日，共有31家整机制造商生产的共计272款民用无人机具备向UTMISS报送实时飞行动态数据的功能，较2022年新增10家整机制造商、132款机型。民用轻小型及植保无人机共208款，占比76.5%；民用中大型无人机共64款，占比23.5%。其中，118款机型通过无人机系统直接向UTMISS报送数据，154款机型通过第三方服务平台转报数据至UTMISS。

2. 关键指标统计情况

（1）飞行架次和飞行小时：系统全年监视民用无人机总飞行架次约2.57亿架次，UTMISS平均每天为70.5万架次的民用无人机提供飞行服务。全年总飞行小时为2310.9万小时，比2022年增长11.1%，日均飞行小时为6.3万小时，飞行小时月份分布呈现明显的先增后减趋势；单架次平均飞行时长较2022年增加0.5 min。

（2）飞行数量：2023年全国共计282.0万架不同的民用无人机有过飞行记录，比2022年增长15.2%。

（3）飞行时长和飞行高度：运行时长低于10 min、飞行高度低于120 m是目前民用无人机运行的主要模式，其速度、高度、运行区域都具有显著特征。2023年，一次飞行时长在10 min以下的民用无人机飞行架次占全年总飞行架次的91.6%；飞行高度在120 m以下的民用无人机飞行架次占全年总飞行架次的90.0%。

（4）飞行任务：深圳个人娱乐类申请数占比降低至10.7%，商业用途类申请数占比增加至41.6%，公共用途类申请数量最多，占比约47.8%；海南个人娱乐类申请数占比降低至25.4%，商业用途类申请数占比增加至59.4%，公共用途类申请数占比增加至15.2%。

从数据统计分析来看，我国民用无人机飞行活动保持高增长，单架次飞行时长增加、飞行高度提升，表明民用无人机工业级应用逐步增加，深圳、海南等民用无人机试点地区的统计数据也给予了佐证。

附　录

附录A　中国无人机政策法规文件

附录A从国家和行业层面统计了2018—2023年无人机相关政策法规，统计时间截至2023年12月31日。

表A1　2018—2023年国家、行业层面无人机运行管理相关政策法规

序号	发布时间	发布单位	类型	政策名称
\multicolumn{5}{c}{国家层面}			
1	2023年5月31日	国务院、中央军委	国令第761号	《无人驾驶航空器飞行管理暂行条例》
\multicolumn{5}{c}{行业层面}			
1	2023年12月27日	工业和信息化部	工信部无〔2023〕252号	《民用无人驾驶航空器无线电管理暂行办法》
2	2023年12月21日	中国民用航空局	—	《国家空域基础分类方法》
3	2023年12月18日	工业和信息化部	工业和信息化部令第66号	《民用无人驾驶航空器生产管理若干规定》
4	2023年11月27日	市场监管总局	2023年第49号	《微型、轻型、小型民用无人驾驶航空器召回管理相关工作公告》
5	2023年11月2日	国家空中交通管理委员会办公室	—	《中华人民共和国空域管理条例（征求意见稿）》
6	2023年10月10日	工业和信息化部等四部门	工信部联重装〔2023〕181号	《绿色航空制造业发展纲要（2023—2035年）》
7	2023年8月3日	工业和信息化部等四部门	工信部联科〔2023〕118号	《新产业标准化领航工程实施方案（2023—2035年）》
8	2023年7月3日	中国民用航空局	民航发〔2023〕17号	《关于落实数字中国建设总体部署加快推动智慧民航建设发展的指导意见》

续表

序号	发布时间	发布单位	类型	政策名称
9	2023年1月20日	中国民用航空局	民航规〔2023〕3号	《民用无人驾驶航空器国籍登记管理程序》
10	2022年8月29日	中国民用航空局	信息通告 IB-TM-2022-05	《民用轻小型无人驾驶航空器物流配送试运行审定指南》
11	2022年3月11日	中国民用航空局	咨询通告 AC-93-TM-2022-01	《民用微轻小型无人驾驶航空器系统运行识别概念（暂行）》
12	2022年2月9日	中国民用航空局	专用条件和豁免	《亿航EH216-S型无人驾驶航空器系统专用条件》
13	2022年1月25日	中国民用航空局	信息通告 IB-TM-2022-001	《基于无人机的民用航空飞行校验专用地空数据链系统通用技术应用指导意见（试行）》
14	2021年12月23日	中国民用航空局	咨询通告	《民用无人驾驶航空器操控员管理规定》（征求意见稿）
15	2021年8月26日	交通运输部	民航规章 CCAR-290-R3	《通用航空经营许可管理规定》
16	2021年5月21日	中国民用航空局	通知公告	《民用无人驾驶航空试验基地（试验区）建设工作指引》
17	2021年4月21日	中国民用航空局	规范性文件 IB-TM-2020-001	《国外无人驾驶航空器系统管理政策法规》
18	2021年3月30日	中国民用航空局	规范性文件	《民用无人驾驶航空器系统适航审定项目风险评估指南（征求意见稿）》
19	2021年3月30日	中国民用航空局	规范性文件 AP-92-AA-2020-01	《民用无人驾驶航空器系统实名登记管理程序（征求意见稿）》
20	2021年3月30日	中国民用航空局	规范性文件	《民用无人驾驶航空器系统适航审定管理程序（征求意见稿）》

附　录

续表

序号	发布时间	发布单位	类型	政策名称
21	2021年3月20日	工业和信息化部	管理办法	《民用无人机生产制造管理办法（征求意见稿）》
22	2021年1月20日	中国民用航空局	民航适发〔2020〕1号	《关于发布高风险货运固定翼无人机系统适航标准（试行）的通知》
23	2019年6月4日	中国民用航空局	技术标准规定 CTSO-C213	《无人机系统控制和其它安全关键通信空地链路无线电设备》
24	2019年5月14日	中国民用航空局	行业指导意见	《促进民用无人驾驶航空发展的指导意见（征求意见稿）》
25	2019年2月1日	中国民用航空局	规范性文件 AC-92-2019-01	《特定类无人机试运行管理规程（暂行）》
26	2019年1月30日	中国民用航空局	规范性文件 AC-93-TM-2019-01	《轻小型民用无人机飞行动态数据管理规定》
27	2019年1月23日	中国民用航空局	民航适发〔2019〕3号	《基于运行风险的无人机适航审定指导意见》
28	2019年1月3日	中国民用航空局	规范性文件 AC-91-FS-2019-31R1	《轻小无人机运行规定》（征求意见稿）
29	2018年12月29日	第十三届全国人民代表大会常务委员会第七次会议	法律	《中华人民共和国民用航空法》
30	2018年11月16日	交通运输部	民航规章 CCAR-61-R5	《民用航空器驾驶员合格审定规则》
31	2018年9月28日	中国民用航空局	民航发〔2018〕100号	《低空飞行服务保障体系建设总体方案》
32	2018年8月31日	中国民用航空局	规范性文件 AC-61-FS-2018-20R2	《民用无人机驾驶员管理规定》

续表

序号	发布时间	发布单位	类型	政策名称
33	2018年8月14日	中国民用航空局、发改委	发改基础〔2018〕1164号	《关于促进通用机场有序发展的意见》
34	2018年5月24日	交通运输部	交通运输部令2018年第8号	《城市轨道交通运营管理规定》
35	2018年5月11日	中国民用航空局	民航发〔2018〕48号	《关于促进航空物流业发展的指导意见》
36	2018年3月21日	中国民用航空局	规范性文件MD-TR-2018-01	《民用无人驾驶航空器经营性飞行活动管理办法（暂行）》
37	2018年2月6日	中国民用航空局	规范性文件IB-FS-2018-011	《低空联网无人机安全飞行测试报告》
38	2018年1月26日	国家空中交通管理委员会办公室	行政法规	《无人驾驶航空器飞行管理暂行条例（征求意见稿）》

来源：各部门官网资料整理。

附录B 中国无人机标准编制情况

附录B统计了2018—2023年中国无人机相关国家标准、行业标准，统计时间截至2023年12月31日。

表B1 2018—2023年中国无人机相关国家标准编制情况

序号	标准编号	标准名称
1	GB 42590—2023	民用无人驾驶航空器系统安全要求
2	GB/T 43367—2023	民用大中型无人直升机系统通用要求
3	GB/T 43369—2023	民用大中型无人机光电任务载荷设备接口要求
4	GB/T 43370—2023	民用无人机地理围栏数据技术规范
5	GB/T 43570—2023	民用无人驾驶航空器系统身份识别 总体要求
6	GB/T 43551—2023	民用无人驾驶航空器系统身份识别 三维空间位置标识编码
7	GB/T 38924.11—2023	民用轻小型无人机系统环境试验方法 第11部分：霉菌试验
8	GB/T 41300—2022	民用无人机唯一产品识别码
9	GB/T 41450—2022	无人机低空遥感监测的多传感器一致性检测技术规范
10	GB/T 38924.10—2020	民用轻小型无人机系统环境试验方法第10部分：砂尘试验
11	GB/T 38924.9—2020	民用轻小型无人机系统环境试验方法第9部分：防水性试验
12	GB/T 38924.8—2020	民用轻小型无人机系统环境试验方法第8部分：盐雾试验
13	GB/T 38924.7—2020	民用轻小型无人机系统环境试验方法第7部分：湿热试验
14	GB/T 38924.6—2020	民用轻小型无人机系统环境试验方法第6部分：振动试验
15	GB/T 38924.5—2020	民用轻小型无人机系统环境试验方法第5部分：冲击试验
16	GB/T 38924.4—2020	民用轻小型无人机系统环境试验方法第4部分：温度和高度试验
17	GB/T 38924.3—2020	民用轻小型无人机系统环境试验方法第3部分：高温试验

续表

序号	标准编号	标准名称
18	GB/T 38924.2—2020	民用轻小型无人机系统环境试验方法第2部分：低温试验
19	GB/T 38924.1—2020	民用轻小型无人机系统环境试验方法第1部分：总则
20	GB/T 38931—2020	民用轻小型无人机系统安全性通用要求
21	GB/T 38930—2020	民用轻小型无人机系统抗风性要求及试验方法
22	GB/T 38997—2020	轻小型多旋翼无人机飞行控制与导航系统通用要求
23	GB/T 38996—2020	民用轻小型固定翼无人机飞行控制系统通用要求
24	GB/T 38911—2020	民用轻小型无人直升机飞行控制系统通用要求
25	GB/T 38909—2020	民用轻小型无人机系统电磁兼容性要求与试验方法
26	GB/T 38905—2020	民用无人机系统型号命名
27	GB/T 38954—2020	无人机用氢燃料电池发电系统
28	GB/T 38152—2019	无人驾驶航空器系统术语
29	GB/T 38058—2019	民用多旋翼无人机系统试验方法
30	GB/T 35018—2018	民用无人驾驶航空器系统分类及分级

来源：国家标准全文公开系统[EB/OL]. http://openstd.samr.gov.cn/bzgk/gb/index.

附 录

表B2 2018—2023年中国无人机行业标准编制情况

序号	标准编号	标准名称	发布部门
1	YD/T 4597—2023	网络空间安全仿真 无人机系统信息安全仿真平台接入技术要求	工业和信息化部
2	YD/T 4491—2023	基于系留无人机的应急通信空中基站技术要求	工业和信息化部
3	MH/T 2014—2023	民用无人驾驶航空器系统物流运行通用要求 第1部分：海岛场景	中国民用航空局
4	SF/T 0144—2023	民用无人机电子数据鉴定技术规范	司法部
5	YD/T 4324—2023	无人机管理（服务）平台安全防护要求	工业和信息化部
6	YD/T 4356—2023	基于民用无人驾驶航空器的移动边缘计算技术要求	工业和信息化部
7	YD/T 4324—2023	无人机管理（服务）平台安全防护要求	工业和信息化部
8	SN/T 5591—2023	进口无人机检验方法 环境适应性检验	海关总署
9	SN/T 5502.1—2023	进口无人机检验技术要求 第1部分：通用要求	海关总署
10	MH/T 3030—2023	民用无人驾驶航空器实名登记数据交换接口规范	中国民用航空局
11	JT/T 1440—2022	无人机物流配送运行要求	交通运输部
12	JT/T 1439—2022	邮政快递无人机监管信息交互规范	交通运输部
13	MH/T 2013—2022	民用无人驾驶航空器系统分布式操作运行等级划分	中国民用航空局
14	MH/T 4054—2022	城市场景轻小型无人驾驶航空器物流航线划设规范	中国民用航空局
15	MH/T 4053—2022	民用无人驾驶航空器空中交通管理信息服务系统数据接口规范	中国民用航空局
16	MH/T 6126—2022	城市场景物流电动多旋翼无人驾驶航空器（轻小型）系统技术要求	中国民用航空局
17	YD/T 3585—2019	民用无人驾驶航空器的通信应用场景与需求	工业和信息化部

113

续表

序号	标准编号	标准名称	发布部门
18	MH/T 2011—2019	无人机云系统数据规范	中国民用航空局
19	GA/T 1505—2018	基于无人驾驶航空器的道路交通巡逻系统通用技术条件	公安部
20	QX/T 466—2018	微型固定翼无人机机载气象探测系统技术要求	中国气象局
21	LY/T 3028—2018	无人机释放赤眼蜂技术指南	国家林业和草原局
22	MH/T 1069—2018	无人驾驶航空器系统作业飞行技术规范	中国民用航空局
23	GA/T 1382—2018	基于多旋翼无人驾驶航空器的道路交通事故现场勘查系统	公安部
24	GA/T 1411.4—2017	警用无人驾驶航空器系统第4部分：固定翼无人驾驶航空器系统	公安部
25	GA/T 1411.3—2017	警用无人驾驶航空器系统第3部分：多旋翼无人驾驶航空器系统	公安部
26	GA/T 1411.2—2017	警用无人驾驶航空器系统第2部分：无人直升机系统	公安部
27	GA/T 1411.1—2017	警用无人驾驶航空器系统第1部分：通用技术要求	公安部
28	MH/T 2009—2017	无人机云系统接口数据规范	中国民用航空局
29	MH/T 2008—2017	无人机围栏	中国民用航空局
30	SY/T 7344—2016	油气管道工程无人机航空摄影测量规范	国家能源局
31	DL/T 1482—2015	架空输电线路无人机巡检作业技术导则	国家能源局
32	CH/Z 3002—2010	无人机航摄系统技术要求	国家测绘局
33	CH/Z 3001—2010	无人机航摄安全作业基本要求	国家测绘局

来源：行业标准信息服务平台[EB/OL]. http://hbba.sacinfo.org.cn.

附录C 国际组织无人机标准编制情况

附录C统计了2018—2023年无人机相关国际标准发布情况，统计时间截至2023年12月31日。

表C1 2018—2023年国际标准化组织（ISO）无人机标准情况

序号	标准名称	中文名称
1	ISO 5309:2023 Civil small and light unmanned aircraft systems(UAS)— Vibration test methods	民用小型和轻型无人机系统（UAS）振动测试方法
2	ISO 23629-9:2023 UAS traffic management(UTM) — Part 9:Interface between UTM service providers and users	无人机交通管理（UTM）第9部分：UTM服务提供商与用户之间的接口
3	ISO 5286:2023 Flight performance of civil small and light fixed-wing unmanned aircraft systems(UAS) — Test methods	民用小型和轻型固定翼无人机系统（UAS）飞行性能测试方法
4	ISO 5312:2023 Civil small and light unmanned aircraft(UA)— Sharp injury to human body by rotor blades — Evaluation and test method	民用小型和轻型无人机（UA）旋翼叶片对人体锐器伤害的评价与测试方法
5	ISO 5332:2023 Civil small and light unmanned aircraft systems(UAS)under low-pressure conditions — Test methods	民用小型和轻型无人机系统（UAS）在低气压条件下的测试方法
6	ISO 21384-3:2023 Unmanned aircraft systems — Part 3:Operational procedures	无人机系统第3部分：操作程序
7	ISO 23665:2023 Unmanned aircraft systems — Training for personnel involved in UAS operations	无人机系统涉及UAS操作的人员培训
8	ISO 5110:2023 Test method for flight stability of a multi-copter unmanned aircraft system(UAS)under wind and rain conditions	多旋翼无人机系统（UAS）在风雨条件下的飞行稳定性测试方法
9	ISO 24354:2023 General requirements for the payload interface of civil unmanned aircraft systems	民用无人机系统载荷接口通用要求

续表

序号	标准名称	中文名称
10	ISO 5109:2023 Evaluation method for the resonance frequency of the multi-copter UA(unmanned aircraft) by measurement of rotor and body frequencies	通过测量旋翼和机体频率评价多旋翼无人机（无人驾驶航空器）共振频率的方法
11	ISO 4358:2023 Test methods for civil multi-copter unmanned aircraft system	民用多旋翼无人机系统测试方法
12	ISO 24352:2023 Technical requirements for small unmanned aircraft electric energy systems	小型无人机电能系统技术要求
13	ISO 24355:2023 Flight control system for civil small and light multicopter unmanned aircraft system(UAS) — General requirements	民用小型和轻型多旋翼无人机系统（UAS）飞行控制系统通用要求
14	ISO 21384-3:2023 Unmanned aircraft systems — Part 3:Operational procedures	无人机系统 第3部分：操作程序
15	ISO 23629-5:2023 UAS traffic management(UTM) — Part 5:UTM functional structure	无人机交通管理（UTM）第5部分：UTM功能结构
16	ISO 23665:2023 Unmanned aircraft systems — Training for personnel involved in UAS operations	无人机系统 无人机操作人员的培训
17	ISO 23629-8:2023 UAS traffic management(UTM) — Part 8:Remote identification	无人机交通管理（UTM）第8部分：远程识别
18	ISO 5015-2:2022 Unmanned aircraft systems — Part 2:Operation of vertiports for vertical take-off and landing(VTOL)unmanned aircraft(UA)	无人机系统 第2部分：垂直起降场的运营规范
19	ISO 23629-12:2022 UAS traffic management(UTM) — Part 12:Requirements for UTM service providers	无人机交通管理（UTM）第12部分：UTM服务提供商的要求
20	ISO 24356:2022 General requirements for tethered unmanned aircraft systems	系留无人机系统通用要求

续表

序号	标准名称	中文名称
21	ISO 23629-7:2021 UAS traffic management(UTM) — Part 7:Data model for spatial data	无人机交通管理 第7部分：空间数据模型
22	ISO 21384-2:2021 Unmanned aircraft systems — Part 2:UAS components	无人机系统 第2部分：无人机组件
23	ISO 21384-4:2020 Unmanned aircraft systems — Part 4:Vocabulary	无人机系统 第4部分：用语
24	ISO 21895:2020 Categorization and classification of civil unmanned aircraft systems	民用无人机系统分级与分类
25	ISO/TR 23629-1:2020 UAS traffic management(UTM) — Part 1:Survey results on UTM	无人机交通管理 第1部分：UTM调查结果

来源：ISO/TC20/SC16 Unmanned aircraft systems[EB/OL].

表C2　2018—2023年航空无线电技术委员会（RTCA）无人机标准情况

序号	标准名称	中文名称
1	AWP-1 - Detect and Avoid(DAA)White Paper	AWP-1 检测和避免（DAA）白皮书
2	AWP-2 - Command and Control(C2) Data Link White Paper	AWP-2 指挥与控制（C2）数据链白皮书
3	AWP-3 Detect and Avoid(DAA)White Paper Phase 2	AWP-3 检测与避免（DAA）白皮书第二阶段
4	AWP-4 Command and Control(C2)Data Link White Paper Phase 2	AWP-4 指挥与控制（C2）数据链白皮书第二阶段
5	DO-304 - Guidance Material and Considerations for Unmanned Aircraft Systems	DO-304 无人驾驶飞机系统的制导材料和考虑因素
6	DO-320 - Operational Services and Environmental Definition(OSED)for Unmanned Aircraft Systems	DO-320 无人驾驶飞机系统的操作服务和环境定义（OSED）
7	DO-344 Volume 1 & 2 - Operational and Functional Requirements and Safety Objectives for Unmanned Aircraft System Standards	DO-344 卷1和2 无人驾驶飞机系统标准的操作和功能要求和安全目标
8	DO-344 Volume 2-Appendices F & G - Operational and Functional Requirements and Safety Objectives for Unmanned Aircraft System Standards	DO-344 卷2-附录F和G 无人驾驶飞机系统标准的操作和功能要求和安全目标
9	DO-362 with Errata - Command and Control(C2) Data Link Minimum Operational Performance Standard(MOPS)(Terrestial)	DO-362 带勘误表-指挥与控制（C2）数据链路最低操作性能标准（MOPS）（地面）
10	DO-365 - Minimum Operational Performance Standards(MOPS)for Detect and Avoid(DAA)Systems	DO-365 检测和避免（DAA）系统的最低操作性能标准（MOPS）
11	DO-366 - Minimum Operational Performance Standards(MOPS)for Air-to-Air Radar for Traffic Surveillance	DO-366 用于交通监视的空对空雷达的最低操作性能标准（MOPS）
12	DO-377 - Minimum Aviation System Performance Standards for C2 Link Systems Supporting Operations of Unmanned Aircraft Systems in U.S. Airspace	DO-377 支持美国空域无人机系统操作的C2链路系统的最低航空系统性能标准

来源：RTCA. [EB/OL]. https://www.rtca.org/products/.

附 录

表C3 2018—2023年美国材料与试验协会（ASTM）无人机标准情况

序号	标准名称	中文名称
1	F3673-23 Standard Specification for Performance for Weather Information Reports,Data Interfaces,and Weather Information Providers(WIPs)	天气信息报告、数据接口和天气信息提供商（WIPs）性能标准规范
2	F3623-23 Standard Specification for Surveillance Supplementary Data Service Providers	监视补充数据服务提供商标准规范
3	F2908-23 Standard Specification for Unmanned Aircraft Flight Manual(UFM)for an Unmanned Aircraft System(UAS)	无人飞机系统（UAS）无人飞机飞行手册（UFM）标准规范
4	F3364-23 Standard Practice for Independent Audit Program for Unmanned Aircraft Operators	无人飞机操作员独立审计程序标准实践
5	F3365-23 Standard Practice for Compliance Audits to ASTM Standards on Unmanned Aircraft Systems	无人飞机系统ASTM标准合规性审计标准实践
6	F3266-23 Standard Guide for Training for Remote Pilot in Command of Unmanned Aircraft Systems(UAS) Endorsement	无人飞机系统（UAS）遥控飞行员培训指南
7	F3442/F3442M-23 Standard Specification for Detect and Avoid System Performance Requirements	探测与避让系统性能要求标准规范
8	F2851-10(2018)Standard Practice for UAS Registration and Marking(Excluding Small Unmanned Aircraft Systems)	UAS注册和标记的标准操作规程（不包括小型无人机系统）
9	F2910-22 Standard Specification for Design and Construction of a Small Unmanned Aircraft System(sUAS)	小型无人机系统（sUAS）设计和搭建的标准规范
10	F3002-22 Standard Specification for Design of the Command and Control System for Small Unmanned Aircraft Systems(sUAS)	小型无人机系统（sUAS）指挥控制系统设计标准规范
11	F3005-22 Standard Specification for Batteries for Use in Small Unmanned Aircraft Systems(sUAS)	小型无人机系统（sUAS）电池标准规范
12	F3201-16 Standard Practice for Ensuring Dependability of Software Used in Unmanned Aircraft Systems(UAS)	确保无人机系统（UAS）中使用的软件可靠性的标准操作规程

续表

序号	标准名称	中文名称
13	F3269-21 Standard Practice for Methods to Safely Bound Behavior of Aircraft Systems Containing Complex Functions Using Run-Time Assurance	使用运行时保证对包含复杂功能的飞机系统进行安全绑定行为方法的标准操作规程
14	F3298-19 Standard Specification for Design,Construction,and Verification of Lightweight Unmanned Aircraft Systems(UAS)	轻型无人机系统（UAS）的设计、搭建和验证标准规范
15	F3322-22 Standard Specification for Small Unmanned Aircraft System(sUAS)Parachutes	小型无人机系统（sUAS）降落伞的标准规范
16	F3389/F3389M-21 Standard Test Method for Assessing the Safety of Small Unmanned Aircraft Impacts	评估小型无人机撞击安全性的标准测试方法
17	F3478-20 Standard Practice for Development of a Durability and Reliability Flight Demonstration Program for Low-Risk Unmanned Aircraft Systems(UAS)under FAA Oversight	美国联邦航空局监督下低风险无人机系统（UAS）的耐久性和可靠性飞行演示计划开发的标准操作规程
18	F3563-22 Standard Specification for Design and Construction of Large Fixed Wing Unmanned Aircraft Systems	大型固定翼无人机系统设计与搭建标准规范
19	F2849-10(2019)Standard Practice for Handling of Unmanned Aircraft Systems at Divert Airfields	在转移机场处理无人机系统的标准操作规程
20	F2909-19 Standard Specification for Continued Airworthiness of Lightweight Unmanned Aircraft Systems	轻型无人机系统持续适航性标准规范
21	F3178-16 Standard Practice for Operational Risk Assessment of Small Unmanned Aircraft Systems(sUAS)	小型无人机系统（sUAS）操作风险评估的标准操作规程
22	F3196-18 Standard Practice for Seeking Approval for Beyond Visual Line of Sight(BVLOS)Small Unmanned Aircraft System(sUAS)Operations	寻求批准超视距（BVLOS）小型无人机系统（sUAS）操作的标准操作规程

续表

序号	标准名称	中文名称
23	F3411-22a Standard Specification for Remote ID and Tracking	远程ID和跟踪标准规范
24	F3423/F3423M-22 Standard Specification for Vertiport Design	垂直起落场设计标准规范
25	F3548-21 Standard Specification for UAS Traffic Management(UTM)UAS Service Supplier(USS) Interoperability	UAS交通管理（UTM）UAS服务供应商（USS）互操作性标准规范
26	F3586-22 Standard Practice for Remote ID Means of Compliance to Federal Aviation Administration Regulation 14 CFR Part 89	符合联邦航空管理局条例14 CFR第89部分的远程ID方法的标准操作规程标准做法
27	F2908-18 Standard Specification for Unmanned Aircraft Flight Manual(UFM)for an Unmanned Aircraft System(UAS)	无人机系统（UAS）无人机飞行手册（UFM）的标准规范
28	F3266-18 Standard Guide for Training for Remote Pilot in Command of Unmanned Aircraft Systems(UAS) Endorsement	无人机系统（UAS）认可远程飞行员培训标准指南
29	F3364-19 Standard Practice for Independent Audit Program for Unmanned Aircraft Operators	无人机运营商独立审核计划的标准操作规程
30	F3365-19 Standard Practice for Compliance Audits to ASTM Standards on Unmanned Aircraft Systems	无人机系统ASTM标准合规性检查的标准操作规程
31	F3366-19 Standard Specification for General Maintenance Manual(GMM)for a small Unmanned Aircraft System(sUAS)	小型无人机系统（sUAS）通用维护手册（GMM）标准规范
32	F3379-20 Standard Guide for Training for Public Safety Remote Pilot of Unmanned Aircraft Systems(UAS) Endorsement	无人机系统（UAS）认可的公共安全远程飞行员培训标准指南

来源：ASTM. Committee F38 on Unmanned Aircraft Systems[EB/OL].

表C4 2018—2023年电气和电子工程师协会（IEEE）标准协会无人机标准情况

序号	标准名称	中文名称
1	IEEE 1937.11-2023 IEEE Standard for Technical Requirements of Polar Coordinate Photogrammetry Based on Unmanned Aircraft Systems	基于无人飞行系统的极坐标摄影测量技术要求标准
2	IEEE 1920.1-2022 IEEE Trial-Use Standard for Aerial Network Communication	试用标准——空中网络通信
3	IEEE 1936.2-2023 IEEE Photogrammetric Technical Standard for Civil Light and Small Unmanned Aircraft Systems for Overhead Transmission Line Engineering	民用轻小型无人飞行系统用于架空输电线路工程的摄影测量技术标准
4	IEEE 1939.1-2021 IEEE Standard for a Framework for Structuring Low-Altitude Airspace for Unmanned Aerial Vehicle(UAV)Operations	无人机低空运行框架航路标准
5	IEEE 1936.1-2021 IEEE Standard for Drone Applications Framework	无人机应用框架标准
6	IEEE P1937.1-2020 IEEE Standard interface requirements and performance characteristics for payload devices in drones	无人机载荷装置接口要求和性能特性标准

来源：https://standards.ieee.org/.